国家自然科学基金、内蒙古自然科学基金资助

风电系统多场耦合特性研究

温彩凤　著

中国水利水电出版社
www.waterpub.com.cn

·北京·

内 容 提 要

本书针对多物理场耦合作用对系统性能的影响，开展耦合机理与表征、影响因素、解耦条件和优化策略的探索性研究，其主要内容包括系统单场及耦合场数学模型的建立、实验测试与分析、模拟计算与分析、系统热力学特性分析、系统电能质量与储能特性分析等。本书知识点涵盖较广，理论与工程实际结合紧密，突出了从根源和新视觉获取解决问题的途径，旨在探索和总结系统产能效率各影响因素间的关联性与解耦条件。

本书适合高等院校风能应用工程、电气自动化、机电一体化、电机与电器专业及相关理工科专业的高年级本科生和研究生阅读，也可供上述学科的高等院校教师和科研工作者参考。

图书在版编目（ＣＩＰ）数据

风电系统多场耦合特性研究 / 温彩凤著. -- 北京：
中国水利水电出版社，2020.5
ISBN 978-7-5170-8488-4

Ⅰ．①风… Ⅱ．①温… Ⅲ．①风力发电系统－耦合－研究 Ⅳ．①TM614

中国版本图书馆CIP数据核字(2020)第051615号

书 名	风电系统多场耦合特性研究 FENGDIAN XITONG DUOCHANG OUHE TEXING YANJIU
作 者	温彩凤 著
出版发行	中国水利水电出版社 （北京市海淀区玉渊潭南路 1 号 D 座　100038） 网址：www. waterpub. com. cn E - mail：sales@waterpub. com. cn 电话：（010）68367658（营销中心）
经 售	北京科水图书销售中心（零售） 电话：（010）88383994、63202643、68545874 全国各地新华书店和相关出版物销售网点
排 版	中国水利水电出版社微机排版中心
印 刷	天津嘉恒印务有限公司
规 格	170mm×240mm　16 开本　13 印张　255 千字
版 次	2020 年 5 月第 1 版　2020 年 5 月第 1 次印刷
定 价	**68.00 元**

前言

随着世界各国可再生能源的大力发展，直驱式风电系统的极限性能诸如产能效率、功率密度、电能质量、储能特性等问题已成为焦点问题，而系统物理场及其耦合程度是决定诸多性能的根本。从优化角度考虑，希望发电机内、外流场特性加强、温度场特性减弱，且具有均匀稳定磁场。而事实上，因各种动态叠加因素形成的多场强耦合行为不仅削弱了电磁场特性，感生副磁场也会使涡流损耗增大，且流场应有功能也削弱，导致热量不易及时散失、温升持续，形成温度场、流场、电磁场进一步相互制约与影响的深度耦合状态。因此，当风轮、发电机、传动机构及控制设备特性发挥到极限时，要想进一步寻找风电系统性能优化策略，应从问题存在的根源与机理着手，其可行性途径为探索多场耦合特性及表征，获取耦合规律与解耦条件，然而目前提升空间受限于对学科交叉问题研究不够全面。

纵观国内外相关研究现状，关于损耗对电磁及传热性能的影响研究鲜有考虑流场湍流效应、矢量特性以及温升不对称对流场的反作用等风电系统中特有的制约方式，针对热势与磁势耦合的研究仍待完善，且通过场路耦合手段研究内部损耗对输出特性的制约程度，仅考虑了电磁单场畸变对各相支路特性的影响，未探究导致磁场分布畸变、交变规律不对称及永磁体局部退磁等电磁削弱现象的本质原因，诸如局部温升过高、发电机散热性能较低，以及更深层次的湍流特性、矢量特性、流固共轭换热面形状、场协同匹配效应等机理问题均未探索。此外，通过整机实验与模拟仿真结合手段分析风电系统的多因素耦合对机组发电效率的影响仍待完善，如何削弱耦合程度、提供解耦方案均有待深入研究。

本书立足于上述问题，从学科交叉角度出发，旨在探索风电系统性能极限值，包括正面极大值、负面极小值，针对风电系统在不间断地进行风能—旋转机械能—电能的能量传递与转换过程，形成流—热—磁多场耦合动态过程的耦合特性开展相关研究。采取"样机实验测试—数值模拟计算—实验验证—理论分析—优化方案设计"的研究思路，通过开展多场耦合作用下的风轮与发电机匹配特性、温度场、流场及电磁场单场与耦合场特性，风电机组输出电能质量特性及加装储能环节的扩展系统特性的翔实分析与研究，探寻各极限性能与本质影响因素的内在关联。

借助现代热力学的㶲效率、㶲经济、㶲环境对系统进行整体和局部损耗分析，将风电系统分别作为孤立系统和非平衡耗散系统的熵与㶲特性分析、流场与负载特性对多场耦合的主控规律等相关研究，并依据多场耦合机制，探索系统不可逆损失的源头和影响因素的权重分配；借助现代㶲分析法探究系统不可逆损失、可回避㶲损失、熵产率和㶲效率规律，揭示多场耦合机理与各因素关联和耦合程度；进而揭示"不可逆性"的本质，为源头节能和优化产能效率开辟新思路，最终以系统各性能达到极限值为目标，提出系统可行性优化方案。

本书的研究工作得到了国家自然科学基金（51966013，51766014）、内蒙古自然科学基金（2019MS05024，2016ZD04，2015BS0502）及风能太阳能利用技术教育部重点实验室（内蒙古工业大学）开放基金（NO201410，2018ZD04）经费资助，在此表示感谢。

本书在编写过程中得到了内蒙古工业大学汪建文教授、上海电机学院代元军教授、内蒙古工业大学高志鹰教授、内蒙古工业大学张立茹教授、内蒙古工业大学东雪青副教授的悉心指导，在此向他们表示衷心感谢。研究生高祥雨、曹阳、谢婉冰、苏文涛等也参与了本书的校稿和检查等工作，在此对他们的辛勤劳动一并表示感谢。

因作者水平有限，书中疏漏和错误之处在所难免，尚祈读者批评并不吝赐教。

温彩凤

2020 年 1 月

目录

第 1 章

绪　　论

　　当前，世界经济的迅速增长导致能源的需求量越来越大，随之出现的各种能源安全和环境问题是对人类的严峻考验。为了保护环境、遏制全球气候变暖、维护人类社会可持续发展，世界各国竭尽所能利用尖端技术加大对清洁、高效、可再生能源的开发利用。风能作为可再生的环境友好型能源，近年来，以其独特优势得到政府大力扶持，风力发电技术不断完善，使得大电网、微电网、离网型三种模式相互补充且共同发展，为解决能源危机与转型及环境污染问题切实做出了贡献。为了促进风力发电产业规模化发展，提高风能在可再生清洁能源利用结构中的比例、强化节能减排、增长低碳经济、确保能源安全，要求风力发电系统具有可靠性能。

1.1　风力发电系统

　　风力发电机是将风能转换为机械能，机械能转换为电能的电力设备。直驱式风力发电机由风轮、发电机、控制器、调向器（尾翼）、塔架、限速安全机构和储能装置等构件组成[1]，风轮在风力作用下旋转，把风的动能转变为风轮轴的机械能，而发电机在风轮轴的带动下旋转发电。广义地说，风能也是太阳能，所以也可以说风力发电机是一种以太阳为热源，以大气为工作介质的热能利用发电机[2]。通常将风能转换为电能的机头和辅助部分称为风力发电系统，主要设备包括风轮和发电机。

　　根据定桨距失速型风力机（fixed - pitch stall profile torque fan）和变速恒频变桨距风力机（variable speed constant frequency variable pitch torque fan）特点，国内目前装机的电机一般分为两类：异步型和同步型，其中异步型又包括笼型异步发电机（cage asynchronous generator）和绕线式双馈异步发电机（wound - rotor doubly fed induction generator），而同步型又包括永磁同步发

电机（permanent magnet synchronous generator，PMSG）和电励磁同步发电机（electrically excited synchronous generator)[3]。笼型异步发电机一般功率为 125kW、750kW、800kW、12500kW 机型，其定子向电网输送不同功率的 50Hz 交流电；绕线式双馈异步发电机（doubly fed induction generator，DFIG）常用机型为 1500kW，其定子向电网输送 50Hz 交流电，转子由变频器控制，向电网间接输送有功或无功功率；永磁同步发电机实际应用功率范围较广，可从 100W 到 8MW，其由永磁体产生磁场，定子输出经全功率整流逆变后向电网输送 50Hz 交流电；电励磁同步发电机由外接到转子上的直流电流产生磁场，定子输出经全功率整流逆变后向电网输送 50Hz 交流电[4-6]。

1.1.1　永磁风电系统主要构成

　　永磁风电系统的电机是永磁发电机，无需外加励磁装置，减少了励磁损耗；同时它无需电刷与滑环，因此具有效率高、寿命长、免维护等优点。在定子侧采用全功率变换器，实现变速恒频控制。系统省去了齿轮箱，这样可大大减小系统运行噪声，提高效率和可靠性，降低维护成本。所以，尽管直接驱动会使永磁发电机的转速很低，导致发电机体积很大，成本较高，但其运行维护成本却得到了缩减[7-8]。

　　此外，采用直驱永磁同步发电机具有传动系统简单、控制鲁棒性好等优点[9]，因此具有越来越大的吸引力。目前已有多家公司可以提供商业化的多极永磁风力发电机系统，如 Enercon，WinWind 等公司。该系统的主要缺点是永磁材料价格较高、在高温下易产生局部退磁、功率变换器容量与发电机容量相同、变换器成本较高等。直驱永磁同步发电机的风力发电系统如图 1-1 所示。

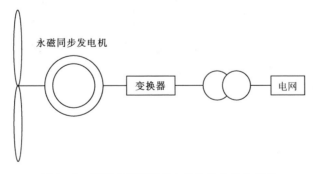

图 1-1　直驱永磁同步发电机的风力发电系统

　　1. 气动系统

风力机的气动系统是指风轮（即桨叶和轮毂）。风轮改变空气流速，吸收空气动能，转化为机械功率。风力机的机械功率输出取决于风速、桨距角和风轮转速。气动系统与机械系统的联系可以用机械功率或者机械转矩表示。

2. 机械系统

风力机的机械系统由风轮、轴、齿轮箱和发电机转子组成。系统的惯量主要取决于风轮和发电机转子。齿轮箱的齿轮仅占相对很小一部分，因此常忽略齿轮惯性，仅考虑其变速比。因而，机械系统模型通常采用轴连接的双质块模型。模型中也可包含低速和高速系统以及惯性齿轮系统，但将使系统含有三个旋转部分和两个连接轴。一般直驱风力发电系统机械系统指风轮与发电机连接轴。

3. 发电机及传动系统

发电机传动系统包含发电机及其换流器。对于恒速异步电机，发电机传动系统仅指发电机本身，多数电力系统仿真程序中都有异步电机模型。变速发电机传动系统由传统发电机和提供转差或解耦的电力电子设备组成，其中双馈感应发电机和用全功率变流器连接的永磁同步发电机传动是最常用的变速发电机传动系统[11]。多数标准仿真程序中并没有此模型，只有个别元件的标准模型，即异步发电机和变频器，且缺少内部控制系统模型，因而无法组成变速发电机传动的整体模型。

分析发电机传动模型的动态稳定性时，假设忽略电磁暂态，即忽略发电机定子电流的直流偏置，这意味着忽略定子绕组磁通的时间常数，使定子磁通不再是暂态模型中的状态变量，而是动态稳定性模型中可计算的代数变量。这样，即可用三阶和五阶模型进行计算，阶数表示发电机模型中状态变量的个数。

4. 桨距控制系统

风力机的气变桨距和桨距角由桨距伺服来控制。主控制系统产生参考桨距角，桨距伺服是执行机构，实际控制风力机桨叶旋转到要求的角度。桨距伺服受结构限制，叶片仅能在某物理限度内转动，调桨速度也有限制。

5. 控制系统

风力机的控制系统主要控制其功率和转速。

对于恒速异步风力机，风轮桨距角是唯一的控制量[12]。虽然可测的参数很多，如风速、风轮转速和有功功率，但它们仅被用来优化桨距角。高风速时，控制系统通过调节桨距角降低风力机功率，使它保持在最大额定功率水平。

对于变速风力机，除了桨距角外发电机也是可控元件，发电机瞬时有功和无功功率输出均能受控[13]。变速特性把风力机调节到最优转速，优化风能利用系数。这意味着控制系统必须包含速度控制系统和参考速度的确定方法。

速度控制系统控制旋转系统的机械功率，以及发电机的电气功率，即控制旋转系统的功率平衡也就控制了速度。因此，电气功率控制系统和桨距角控制系统的动作必须协调一致。

6. 保护系统

风力机的保护系统根据各种参数的实测值进行动作，如电压、电流和转速。如果电压、电流或转速超出限定值一定时间，就会触发继电器动作。显然，保护系统动作将对仿真结果产生重要影响。

然而，随着单机装机容量的增大，齿轮箱的高速传动部件故障问题日益突出，于是没有齿轮箱而将主轴与低速多极同步发电机直接相接的直驱式布局应运而生。但是，低速多极发电机质量和体积均大幅增加，为此，采用折中理念的半直驱布局在大型风力发电系统中得到了应用，如图 1-2 所示。

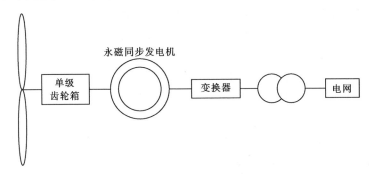

图 1-2　一级齿轮箱驱动永磁同步发电系统

此外，半直驱永磁风电系统也占据部分应用市场，与直驱永磁同步发电系统不同是，半直驱永磁同步风电系统在风力机和 PMSG 之间增加了单级齿轮箱，并综合了 DFIG 和直驱 PMSG 系统的优点[14]。与 DFIG 系统相比，减小了机械损耗；与直驱 PMSG 系统相比，提高了发电机转速，减小了电机体积。采用全功率变换器，平滑了并网电流，电网故障穿越能力得到提高。

1.1.2　焦点问题

随着世界各国对绿色能源的重视，风力发电的大力发展和利用已经提上了议事日程。在《巴黎协定》和《国家发展改革委　国家能源局关于印发能源发展"十三五"规划的通知》（发改能源〔2016〕2744 号）的引领和指导下，如何清洁、高效、环保地使用风能资源已是我们这个能源消耗大国在国际上进一步夯实负责任国际形象的必须举措，也是我们从事可再生能源基础科学研究的学术目的[15]。尤其是 2017 年德国全境范围大力推广可再生能源输出电力，对我国风力发电发展的冲击使我们压力剧增，而优化系统性能是增强竞争实力和信心的必然之选。此外，2018 年可再生能源项目作为"一带一路"倡议框架下的一种共赢模式，风力发电合作项目成为促进中俄、中法、中德等中外关系的重要组成；我国企业投资的克罗地亚塞尼风力发电项目的正式开工等一系列推进风力发电发展事宜，既彰显了我国风电技术现有实力，将风电产业推向国际合作舞台，又凸显了老问题需迫切解决和技术需更新的双重挑战[16-20]。

目前我国风力发电仍存在延长无故障运行时段、网源建设不协调、弃风和限电即消纳水平有限、与储能无缝衔接（将非连续能源转变成连续能源）等有待解决的诸多问题，尤为凸显的是单机发电系统产能效率偏低问题，其中包括电能质量问题和储能问题[22]。这一问题在被国家誉为"风电三峡"基地的内蒙古，仅通过扩建或新建风电场的方式得到了解决，但其影响和后果有：一方面需增加单机数量而额外投入成本，随之单位电能成本上调；另一方面扩大占有耕地和植被面积，会缩减以农牧民居多的内蒙古地区粮食产量和草场面积；此外，过度破坏植被可能会造成水土流失、风沙等生态灾难的二次环境问题，风沙也会侵蚀风力机叶片造成气动特性下降，从而进入恶性循环状态[23-24]。由此看来，风电系统产能效率关乎经济效益、环境等诸多方面，特别是内蒙古地区，既要充分利用丰富的风能资源又要尽可能释放农田与草场。

然而，我国虽在风电设备生产和风场建设方面总体已具有较高水平，但风电设计技术方面与欧美一些发达国家存在较大差距，特别是基础研究不够透彻和全面，所积累理论成果不足以自主研发核心技术，每年需要向国外支付高昂的专利、生产许可、技术咨询费用[25-26]。因此，以社会需求和促进风力发电发展为导向，探索优化产能效率的突破口和新思路，成为需要迫切解决的关键问题之一，应从问题存在根源与机理着手研究。作为由多组件集成的风电系统，产能效率受多方面制约，不仅与风轮、发电机、传动机构及变频器等单个部件结构特性和随机性风资源分布特点有关，而且因涡流、焦耳效应、磁滞效应等引起的不可逆总损耗最大可占机械轴功约 20%，成为主要制约因素之一[27-28]。

近年来，有关优化风电系统产能效率的气动特性、电磁特性、电气特性以及控制策略等单一方面的研究均已取得了具有实践性的成果[29]。可当风轮、发电机、传动机构及控制设备性能发挥到极限时，企图通过改变单一特性而提高产能效率的空间受限[30-31]。因此，应从多学科交叉角度出发，找到制约产能效率学科交叉点是突破问题的关键所在。因风电系统在不间断地进行风能—旋转机械能—电能的能量传递与转换过程中，形成流—热—磁多场耦合动态过程，当流场视为换热条件时，发电机内部温度场与电磁场相互作用，使得热势与电磁势的双势场耦合影响着产能效率。因此，针对多场耦合特性、表征及机理的研究，探寻本质影响因素和解耦策略，是提高风电系统产能效率的有效途径[32-36]。

1.2　系统物理场简介

1.2.1　电磁场

电和磁是同一种形态的场，如果把通常所说的磁场看作物质的话，那么电场就是这种物质的原子。电中有磁，磁中有电。电磁场对物质的影响与物质的性质有关。有些物质容易磁化，有些容易极化。磁化在分子中进行，极化多发生在原子里。磁化的结果能表现出的是磁场，极化的结果所表现出的是电场。静态磁场里，电流是静态闭合运行，对外界不显电性；动态磁场里，电流随之动态变化，沿闭合路线运行，对外界表现出，在电流闭合路线中任意两点出现相位差[37]。最终结果表现为：电和磁是同种运行态的场在不同状态时的外在表现。

法拉第的电磁感应实验将机械功与电磁能联系起来，证明两者可以互相转化。麦克斯韦进一步提出：电磁场中各处有一定的能量密度，即能量定域于场中。根据这个理论，J. H. 坡印廷 1884 年提出在时变场中能量传播的坡印廷定理，矢量 $\vec{E} \times \vec{H}$ 代表场中穿过单位面积上单位时间内的能量流[38]。这些理论为电能的广泛应用开辟了道路，为制造发电机、变压器、电动机等电工设备奠定了理论基础。

永磁体在电机中作为磁源，同时也是磁路的重要组成部分，永磁材料的技术性能与退磁曲线的形状，对电机的性能、外形尺寸、运行可靠性等有很大的影响，是设计与制造永磁电机时需要考虑的十分重要的参数。针对具体的情况、场合，永磁体应该采用不同结构形式，其所用永磁材料也应视具体情况不同而不同。合理地选择磁钢厚度及磁性材料，对电机的技术指标和经济效益有直接关系。

居里温度 T_c 是磁性材料的本征参数之一，是指强铁磁性体从铁磁性或亚铁磁性转变为顺磁性的临界温度，也称为居里点[39]。居里温度高，材料的工作温度就高，而且有利于提高磁性材料的温度稳定性。它只和材料的化学成分、晶体结构有关系，而与晶粒的大小、取向以及应力分布等无太大关系[40]。

永磁材料的种类多种多样，性能也各不相同，因而在设计永磁电机时，要根据具体的性能指标选择合适的永磁材料种类和类型需要遵循以下规则：

（1）为了使发电机气隙中能够产生合适的气隙磁场以满足电机的性能要求，选用的永磁材料需要具有高剩磁、高矫顽力和较大的磁能积。

（2）在规定的环境条件和工作温度下能保证磁性能的稳定性。温度方面，一般情况下，兆瓦级永磁同步风力发电机的工作环境温度不超过 60℃，即使绝缘等级达到 H(180℃) 级，发电机内部最高温度也不会超过 240℃，因此不要求永磁材料具有较高的居里温度。环境因素方面，由于大功率的风力发电机一般工作在沿海或海上地区，要求永磁材料具有较强的耐腐蚀能力，通常要求耐腐蚀达到 C5 M 等级。

（3）永磁体的机械性能要好，方便装配。兆瓦级永磁同步发电机所用永磁材料通常为常规形状，因此对永磁材料的机械加工性能要求不高。

（4）经济性好，价格便宜。

另外，由于永磁材料的磁性能会因温度、时间、震动、辐射和其他外界条件的干扰而发生变化[41]，因此在设计永磁电机时，应该考虑电机的工作场合，结合具体情况来考虑永磁材料的各项性能以选取合适的永磁材料。

参考上面所讲到的各种永磁材料，以及永磁电机设计时的标准，并根据永磁直驱同步发电机的一般工作条件，兆瓦级永磁同步风力发电机选用烧结钕铁硼永磁体比较合适。但选择具体型号时还应注意一些事项。钕铁硼永磁材料的磁性能在多数情况下都能满足要求，但是此种材料的耐腐蚀性不好，因此在选择这种材料后必须要求生产厂家对此种材料进行表面防腐处理。

1.2.2 温度场

物质系统内各个点上温度的集合称为温度场。它是时间和空间坐标的函数，反映了温度在空间和时间上的分布。温度 T 这个变量通常是空间坐标 (x, y, z) 和时间变量 t 的函数，即 $T = T(x, y, z, t)$。该公式描述的是三维非稳态（瞬态）温度场，在此温度场中发生的导热为三维非稳态（瞬态）导热。不随时间而变的温度场称为稳态温度场，即 $T = T(x, y, z)$，此时为三维稳态导热。对于一维和二维稳态温度场时可分别表示为 $T = f(x)$ 和 $T = f(x, y)$，非稳态时则分别表示为 $T = f(x, t)$ 和 $T = f(x, y, t)$[42]。

由温度不同的物体构成的系统，将通过传导、对流和辐射三种方式进行热量传递，形成该系统的温度场。热传导又称导热，是物体各部分没有相对位移或不同物体之间直接接触时，依靠物质内分子、原子或电子等微观粒子的运动，将能量从高温区传至低温区的现象；热对流是发生在流体与固体壁面接触处，除了紧靠固体壁面层流体中产生热传导现象外，在流体内部因冷热部分密度差异而引起流体各部分之间相对位移的同时发生热量的转移；热辐射是热源通过流体向其周围非接触传递[43]。

永磁同步发电机在运行过程中，电机的各类损耗以热能的形式散发出去，这将引起电机温度的升高，温度的升高会对电机的性能造成不良影响，因此，发电机的冷却问题至关重要，特别是兆瓦级永磁风力发电机，由于其功率大、损耗多、产生的热量也多，对电机的温升与冷却更应该严格要求。

在不计转子铁芯损耗及其他机械损耗、杂散损耗的情况下，永磁同步发电机的温度升高主要是由定子绕组铜耗和定子铁芯损耗造成的。发电机运行时，随着电机温度的升高，绕组绝缘材料的温度也随之升高，温度过高将会使绝缘材料遭到破坏，导致发电机被烧毁。当永磁同步发电机在额定功率及有效冷却状态下运行，其温度达到稳定时，电机各部分温升的容许极限值就称为永磁同步发电机的温升限度。

按国家标准规定，不同绝缘等级的电机绕组有不同的容许温升[44]，见表 1-1。

表 1-1　　　　　　　　　　不同绝缘等级的电机绕组容许温升　　　　　　　　单位：℃

绝缘等级	极限温度	环境温度	热点温度	温升限度
A	105	40	5	60
B	120	40	5	75
C	130	40	10	80
D	155	40	10	105
E	180	40	15	125

电励磁式同步发电机只要不超过极限温度，绝缘材料不被破坏，发电机就会正常运行。而永磁同步发电机则不同，当温度过高时，永磁体的性能就会下降，发电机的性能也将发生变化。

1.2.3　流场

流体运动所占据的空间称为流场，也是用欧拉法描述的流体质点运动，其流速、压强等函数是定义在时间和空间点坐标场上的流速场、压强场等的统称。

在一个规模较大的风场，风电机组台数较多，为了提高风电利用率，开发单位总想布置尽量多的风电机组，以获得更多的发电量。但这样一来，风力机经常处于相邻风力机的尾流中运行。每一台风力机的尾流流场十分复杂，而且随着风力机运行和相互干扰条件而发生变化。由于风轮旋转叶片抽取了风的能量，造成风力机下游的风速降低，称为尾迹风速亏损。同时由于叶片上流动旋涡也传入尾流中，导致尾流中出现了更加复杂的涡结构，因而增加了下游风场的湍流强度。下游风场尾迹可分为两部分：紧靠叶片下游的流场（大约在下游一个风轮直径距离），与叶片流场状态和载荷分布密切相关，被称为近场尾迹，该区域内，叶尖涡清晰而集中；随着叶尖涡向下游发展，由于湍流的作用，集中涡结构被耗散，在下游较远的区域叶尖涡在尾流中已不能清晰分辨，速度亏损也在一定程度上得以恢复，该区域称为远场尾迹[45-49]。

风场内风电机组布置除了考虑地形影响外，主要考虑其风力机尾迹与风轮的相互干扰问题。现有研究表明，尾流不但对风力机的功率输出有影响，而且对风力机的结构疲劳也有影响。风电场中，下游风力机往往受上游风力机尾迹影响较严重，通过对单个风力机尾迹的数值模拟，研究风力机尾迹的影响距离以及影响半径，对于风电场风电机组的布置具有重要的意义[50]。风力机尾迹流场的研究将会加深对尾流流动规律的认知，对叶片气动性能的了解，从而有利于改善叶片的气动设计和结构设计，提高风力机的研发水平。此外，近场尾迹区域作为发电机外围流场，在发电机外壳的流—固耦合面，形成温度场与流场的耦合面，其速度场和温度场的动态特性可反应耦合情况[51-54]。

1.2.4 永磁发电机多场耦合

1. 概念与特点

多场耦合是指两个或两个以上的物理场相互影响、相互作用而形成的多物理场耦合现象。一个能量转换系统中，只要同时存在多个物理场，且这些物理场之间存在能量交换或者场间相互作用，就会形成一个多场耦合系统（multi-field coupling system，MFCS）。目前，绝大多数机电系统均属于多场耦合系统[55-56]。

然而，对于机电系统设计与分析，常规方法一般采用局部物理场分析方法。这种方法针对某一方面的设计需求，将多场耦合系统简化成某一个或两个物理场，进而对这一个或两个物理场进行单独分析，尽可能简化或忽略多物理场间的相互作用和相互影响。随着科技水平的不断提高，机电产品日趋复杂。当技术性能大幅提升时，局部物理场分析方法的计算精度较为有限，往往不能准确描述或分析真实的多物理场系统。因此，多场耦合分析的影响和重要性日趋显著。多场耦合问题目前已逐渐成为复杂机电产品分析与仿真过程中重点考虑的问题，多场耦合设计技术也正逐渐成为复杂机电产品设计与分析领域的关键技术之一。

此外，多场耦合涉及结构、振动、电磁、流体、热、声和化学等多个学科，因此多场耦合设计技术，有时也被称为多学科优化设计技术。永磁电机是一个非常典型的多场耦合系统。永磁发电机多物理场耦合设计技术，以系统建模为基础，主要通过 CAD、CAE 和虚拟样机等多种技术的综合运用，实现对永磁发电机多场耦合系统较为精确的全面描述与分析计算，进而实现对永磁电机的深层次分析、理解与优化。

对于采用流体冷却的典型永磁电机产品，一般存在流体运动与温度场相互作用的流—热耦合，流体运动与固体变形相互影响的流—固耦合，流场与声场相互影响的流—声耦合，温度场与结构变形相互作用的热—结构耦合，流场、温度场和声场相互作用与影响的流—热—声耦合，温度场与电磁场相互作用的热—电磁耦合，电磁场与结构变形相互作用的电磁—结构耦合等[57-59]。

2. 关系和分类

对于永磁发电机，整个多场耦合系统涉及 6 个基本场。理论上，永磁发电机可以看成一种 6 场耦合系统。但这种分析方法过于复杂。本质上讲，两场耦合是永磁发电机多场耦合系统的基本耦合场，更多场的耦合包括三场耦合甚至四场耦合都是基于两场耦合的，因此本书重点分析永磁发电机的两场耦合关系。

永磁发电机耦合场关系图如图 1-3 所示。其中，场间的箭头表示耦合关系，箭头的方向为作用方向[60]。由图 1-3 可见，温度场和电磁场对永磁发电机性能影响最强，而结构场、流场和声场对永磁发电机性能影响较弱。因此，本书重点研究风电系统流—热耦合、热—电磁耦合，有必要对这些耦合场进行分类研究，从而确定永磁发电机多场耦合分析与设计过程中重点分析研究的耦合场。

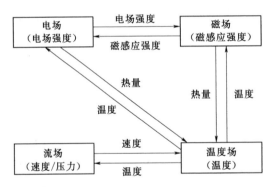

图 1-3　永磁发电机耦合场关系图分析

永磁发电机耦合场的耦合关系，从耦合作用方向的角度可以分为双向耦合与单向耦合，从耦合作用途径的角度可以分为直接耦合与间接耦合，从耦合作用强度的角度可以分为弱耦合与强耦合。

(1) 双向耦合与单向耦合。如果场 A 对场 B 的耦合作用明显且不可被忽略，同时，场 B 对场 A 的耦合作用也明显且也不可被忽略，则该耦合为双向耦合。如果场 A 对场 B 的耦合作用明显且不可被忽略，但场 B 对场 A 的耦合作用不明显可以被忽略，则该耦合为单向耦合，即场 A 对场 B 的单向耦合。

(2) 直接耦合与间接耦合。如果场 A 与场 B 不通过其他物理场而直接进行某种相互作用，则场 A 和场 B 之间的这种相互作用为直接耦合，否则为间接耦合。需要强调的是，场 A 和场 B 之间可能存在多种相互作用，不同的相互作用会有不同的作用途径，因此，两场耦合可能同时存在直接耦合和间接耦合。例如，电阻应变片的电流变化而导致焦耳热的变化，进而产生热变形，所以电阻应变片的电场与结构场间的耦合是间接耦合，两者间是通过热场发生相互作用的。但在永磁电机中，电磁场一方面通过热场产生热变形，形成电磁场与结构场之间的间接耦合，另一方面电磁场的电磁力直接对电机结构产生力学变形，形成电磁场与结构场之间的直接耦合。本书重点研究直接耦合。

（3）弱耦合与强耦合。如果场 A 对场 B 之间的某种耦合作用明显且不可被忽略，则场 A 对场 B 的这种耦合作用为强耦合，否则为弱耦合。所以，对双向耦合的两场耦合一般存在两种强耦合，常称为双向强耦合；对单向耦合的两场耦合一般存在一个强耦合和一个弱耦合，分别称为单向强耦合和单向弱耦合。而有些两场耦合，两场间相互耦合作用均不明显且均可被忽略，常被称为双向弱耦合。

进行永磁发电机多场耦合设计与优化时，一般可以忽略弱耦合和间接耦合，重点研究双向强耦合、单向强耦合和直接耦合，从而降低了模型的复杂程度，大大减少了分析计算量，提高了多场耦合分析计算效率。

3. 场路耦合设计技术

20 世纪 80 年代末期，有文献提出用场路耦合法分析电机的特性和解决参数的计算问题。场路耦合法在实际问题中的应用分为两类：一类为直接场路耦合法，另一类为间接场路耦合法[61]。

直接场路耦合法，即把有限元模型与电路方程直接耦合在一起，组成一个系统方程，并用数值方法联立求解。由于在直接场路耦合法中，把电机的电路方程和转矩方程直接与电磁场方程联立，从而导致联立后方程组的系数矩阵不对称，使方程组的求解复杂化。但是，由于直接耦合法把转矩平衡方程式和电路平衡方程式耦合在系统方程中，可以计及转子运动的动态过程，例如在电动机起动过程中，耦合系统方程可以跟踪定子电流的变化，因此直接场路耦合法主要用于电机的优化设计和瞬态问题的求解[62]。而间接场路耦合法则是根据电机的等效电路建立数学模型，等效电路中的参数或电磁转矩采用电机电磁场有限元数值解求得，间接场路耦合法宜用于电机稳态特性分析。

场路耦合法作为一种数值方法可以分析电机系统动态行为特性，其基本思想是将外电路方程、电机系统的运动方程与电磁场的有限元数值方程直接联立，并用计算机进行求解[38]。传统"路的方法"都是用"等效磁路"来处理电机内的电磁场问题，而准确的电机特性计算应以电磁场的分析计算为基础，用有限元法直接求解电机内的电磁场是最为精确的方法。这样可以较好地考虑定子、转子齿槽和铁磁材料的非线性因素对电机特性的影响。传统有限元分析电机电磁场时，常采用电流源激励，而某一瞬时电流的大小是由运动状态和外电路决定的。因此，必须引入运动方程和电路方程，此时，电机行为特性的仿真计算实际上是一个场路耦合计算问题。电机的磁通量、气隙磁通密度、转矩和反电势都是用场的方法求解，而瞬时电流值是用路的方法求解[63]，这样提高了计算精度。除此之外，场路耦合法也可以对系统的动态特性和故障情况进行仿真计算，但是计算量大，过程十分复杂，计算时间长，随着计算机计算速度的不断提高，瞬态磁场分析慢慢成熟。

1.3　多场耦合行为对系统性能影响研究

1. 风电系统产能效率优化方面的研究现状及发展动态

近年来国内外学者针对风电系统产能效率优化问题开展了很多探索性研究，大致可归纳为优化和改善机组各物理场动态特性、换热结构、风轮气动特性等措施。有关优化发电机换热结构，针对运行动态温升特性及冷源工质流动特性对发电机散热性能的影响方式探究方面，Wang 等[64]和 Aladsani 等[65]比较了不同计算方法在模拟发电机温升过程的优缺点，优化了管路结构，但对于外流场矢量特性并未考虑，且所选取流场湍流模型也有待优化。在探究发电机电磁畸变对于内部损耗的影响规律、分析局部温升对电磁性能制约程度研究方面，Lin 等[66]和 Lam 等[67]基于热—磁耦合方法，得到动态磁场对发电机运行特性的影响，结合多领域协同仿真计算理论，精确计算了永磁电机内部损耗及温升分布，综合分析了热—磁耦合过程，获得发电机动态温升及电磁特性。但皆存在共性不足：未深究磁场动态变化诱因，关于三维问题的研究尚有不足，且缺乏统一理论以剖析不同物理过程计算结果。风电系统各物理量强耦合作用不仅影响运行特性，且对输出电能的量起决定性作用。为探究内部多场耦合行为对输出特性的影响，需进行基于内部损耗的发电机数值模拟分析。Nategh 等[68]和 Wan 等[69]针对转子结构和定子绕组设计方法，建立三维实体模型，结合场路耦合法进行数值计算，分析了磁场分布和定子绕组损耗，最终通过场路耦合方法分析定子绕组电流对转子永磁体涡流损耗的影响。

然而，传统解析法无法精确分析发电机因内部损耗堆积、电磁场畸变、磁材料属性动态变化等现象而导致输出特性的波动情况，且针对股线沿换位路径漏磁、集肤效应等局部问题均无法考虑。并且大多研究主要着眼于发电机单一物理场变量动态分布、运用多场单向耦合手段探究各自变量间的关联性，但仅基于单一理论分析某一物理过程，或是基于计算流体力学（CFD）的对流散热过程，或是基于传热传质学的传热过程，或是基于电磁学的电磁损耗分析过程，这种局限性最终仅能得到单一性能的表面影响规律，而忽视了各因素间耦合作用与深层影响机理。

2. 风电系统功率脉动影响因素研究现状

与多场耦合特性相关联的功率脉动因素成为内因。发电机输出电功率脉动的本质原因是绕组三相电压、电流不平衡，而内部磁场不均匀、不对称是引发三相电压、电流不平衡的根源。Rasekh Alireza 等通过电磁场数值计算法准确计算了横向磁场电机的磁场分布特性，并量化了电机磁场不均匀对输出三相电的影响程度，然后通过分析横向磁场电机的三维磁路特点，给出主磁路有效分布的必要性[70]。发电机损耗是衡量电机效率的主要指标，也是温升超过极限导致局部退磁进而磁场分布不均匀的原因。然而常规的铁耗、铜耗可使用通用公式计算，但随着发电机结构、运行工况及副磁场等因素变化的随机性涡流损耗难以直接获得。唐任远教授研究团队一直专注于永磁电机性能研究，近年来对涡流损耗准确计算提出了独特借鉴。同时考虑涡流反作用、开槽引起的磁导谐波和涡流分布不均匀三种因素，采取等效磁路解析求解并结合电磁场数值计算法对涡流损耗进行了准确计算与分析，结果表明输出电压、电流脉动高频使得感生涡流密度增加；气隙长度和定子绕组分布既改变了基波产生的磁场空间谐波，也改变了电流时间谐波产生的磁场空间谐波，二者均会导致永磁体涡流损耗。所有损耗积聚再加上转子散热条件有限，很容易导致永磁电机转子温升超过上限[71-72]。电机内温度过高会导致永磁材料退磁现象产生，若局部退磁会导致磁场分布不均匀，产生功率脉动问题，同时永磁体电磁性能也直接影响电机效率、使用寿命及运行可靠性。Zhang Yue 等针对因永磁发电机结构产生的温升问题，采取有限元法、边界元法分别进行了发电机全域温度场数值计算，研究表明散热翅高度、机壳材料、槽楔材料、气隙长度、绕组形式等均是温升敏感性因素，而通过增高散热翅、增大气隙长度降低温升且增强传热会出现饱和现象，磁性槽楔可适当降低涡流损耗，采用叠层或拼块技术的永磁体可降低其涡流损耗，分层绕组的多层结构可增强导热效果，此外定子绕组浸漆质量的优劣直接关系到绕组散热效果，电机温升会随浸渍漆填充量的增加而降低[73]。Behjat Vahid 采取有限体积法对永磁电机电磁场、温度场与应力场做了耦合计算，提出塞贝克效应，阐述温升对电磁场的影响，并对结构进行了优化以降低热损耗、减小功率脉动，进而提高电机效率的同时确保了电机输出电能的数量和质量[74]。对于全封闭、无径向通风沟和轴向通风系统且只靠外冷却式的发电机，损耗产生的热量全部依赖内流场流动增强机壳导热和外围流场流动强制对流换热带走，因此内外流场分布特性共同决定着功率脉动。温彩凤等人采用有限体积法对永磁发电机内部空气流动速度与对流换热进行了研究，指出控制空气流动会降低通风损耗，揭发了流场特性对散热系数的影响不容忽略，且优化定子绕组可改变流场流动状态从而改变温度场分布[75]。Deaconu 等完成了永磁同步电机的气隙换热三维数值研究，得到空气间隙对流换热系数以及间隙流体的非线性热特性[76]。Wallscheid. O 采用雷诺平均的纳维—斯托克斯方程和能量方程求解电机内部流场和传热特性，找到了定子表面的努塞尔数，对流场中存在的热传递关系进行分析，并获得定子三维温度场分布[77-78]。Woo-Sung Lee 和 Jae-Cheol Lee 设计并建造了大型低速试验台，对一台轴向磁通永磁发电机进行温度场实验，验证了考虑流场对温度场影响而模拟计算所获传热系数的准确度[79]。董敏团队根据 2.5MW 永磁风力发电机通风结构及传热特点，采用 FVM 法对流体场及温度场进行耦合求解，并利用实测温升数据验证耦合场计算结果的正确性，对发电机温升分布以及流体冷却性能进行了详细分析，为永磁风力发电机温升的计算以及通风结构的设计提供了理论分析的参考依据[80]。

关于风电机组多物理场耦合技术的研究：从发电机整机性能和减弱功率脉动角度考虑，希望发电机内部的流场特性加强、温度场特性减弱以便降低温升，且具有均匀稳定磁场。而事实上由于各种因素的叠加作用，造成的多场强耦合行为不仅削弱了电磁场特性，感生副磁场会使涡流损耗增大，且流场应有功能也锐减，导致热量不易及时散失，温升会自发升高，使得温度场分布改变的同时流场、电磁场特性进一步减弱，从而进入恶性循环状态。这一问题，近年来逐步得到重视，相关报道指出永磁风力发电机动态多物理场耦合行为会严重影响功率特性。Rasekh Alireza 等提供系统化方法进行磁—热有限元分析，通过热和流体动力学耦合模型进行温度场计算，并用 MotorSolve 进行数值研究，获知多场强耦合会使永磁同步电机性能不足，并引发功率脉动问题[81]。Golebiowski. L 对一台高海拔区域运行的水冷风力发电机的温度场与流场进行研究，主要针对其在极限工况下，基于流体流动和发电机传热特性，借助CFD 软件对发电机三维温度场与流场进行耦合研究，找出了内部流场与温度场之间的约束关系和分布规律[82]。Maloberti Olivier 等主要研究永磁同步电机的热和电磁设计问题，根据所容许的最大温度和流体流动速度与热电阻网络模型计算冷却管道的容许数目和宽度，对无负载电压同步电感冷却管道的作用进行了详细讨论，得出了无负载电压和电感同步时的使用性能标准[83]。张谦研究团队针对实心转子永磁电机定子铁心因开槽而带来的负面影响进行了详尽研究，研究表明开槽结构会导致气隙磁导不均匀，且气隙谐波磁场引起涡流损耗使转子温度升高，导致永磁体电磁性能下降造成功率脉动问题，并基于热—磁双向耦合模型，计算分析了磁性槽楔的相对磁导率对温度分布的影响程度[84]。王亮和黄东洙等研究团队对一台 2kW 小型风力发电机进行热分析和结构设计，运用麦克斯韦方程，计算发电机多工况对应流场分布情况，并采用静磁场求解器对静磁特性进行了分析，结果表明流场分布特性对温度场和磁场均具有较大影响，且三场存在不可抵制的耦合关系[85-86]。

综合文献分析可知，功率脉动的单影响因素研究较全面，而基于多因素联合作用的功率脉动影响研究发展滞后，特别因发电机外围流场对内部物理场的作用而导致功率脉动特性改变从未考虑，将所有外因折合等效为外流场特性变化的研究思想与方法尚未提出。本研究以外流场变化作为功率脉动与其多变外因的桥梁，将实际风剪切塔影效应、桨距、入流角、不对称负载等外因引起的外流场特性变化，采取风洞等效实验法，通过改变来流风速和尖速比而达到外流场改变，进而考虑发电机外围流场对内部物理场的耦合作用，并主要针对永磁发电机齿槽结构、机壳材料与高度、气隙长度、绕组型式、永磁体拼接方式等内因和风轮与发电机匹配情况对功率脉动的影响开展研究。此外，国内外研究现状有关多因素之间的耦合作用，使得不同激励对应不同耦合响应效果对功率脉动影响的机理仍不明确，且多因素耦合作用下的流固耦合主控方程有效解耦方法发展滞后。作为功率脉动根源的三相电压、电流不平衡度对各外因、内因和多因素耦合的敏感性和规律性未见报道，而考虑外流场影响内部多场耦合研究仍处于起步阶段，从未依据实际施加不均匀外围流场的流速矢量，导致研究结果不准确。目前无专门针对功率脉动与多场耦合效果贴切联系的深入研究，绝大部分工作集中在数值仿真研究，而数值模拟计算受到软件功能制约，使得计算结果不能如实反映多物理场耦合效果，况且相关耦合场分析理论较新并正处于发展阶段，缺乏多场耦合行为导致的各场特性畸变而产生功率脉动的可靠性试验验证，导致直驱式风力发电机功率脉动随多因素耦合变化的机理仍不清楚，需要深入研究。由此可见，考虑外流场影响的内部多场强耦合导致内部各场发生畸变而引发功率脉动、效率降低、损害用户利益已成为不争的事实，并且随着直驱式风力发电机烧毁事故的频发、电能质量低等并发问题促使有效解决功率脉动成为首要任务。

3. 风电系统电能质量与存储特性研究现状

风能独特优势、商业化潜能以及政府大力扶持政策催生了风力发电技术，使得大电网、微电网、离网三种模式相互补充且共同发展。然而，风速随机性、机组结构特性、运行工况等宏观因素致使直驱式风力发电系统输出功率频繁波动，加重了谐波污染，这种品质低劣电能不仅不受欢迎，还遭到强烈抵制，甚至被公认为垃圾能源[87-88]。近年来随着风电装机容量增大，谐波污染问题越来越受重视。特别农、牧、渔民分布式用户端使用单相电时，三相不对称负载引起三相电压、电流严重不平衡，并且无法获取持续稳定电能，其根本原因在于无法改善低品质电能、无法解决低负荷时期电能存储问题，更无法解决储能设备对电能质量要求与低品质电能的矛盾。因此，分布式风电系统电能质量与储能特性的若干问题成为发展分布式风电系统的障碍，是需首当其冲解决的问题[89-90]。

　　第七届储能国际峰会暨展览会（2018）会议间隙，我国能源研究会储能专委会主任陈海生接受了《中国电力报》记者专访。在他看来，解决分布式储能问题是能源革命的重要技术支撑。其中促进储能发展动力的三大方面为：第一是分布式可再生能源快速发展，对储能是刚需。因为分布式可再生能源的间歇性、波动性比较大，如果缺少储能，影响分布式系统的稳定性、可靠性。第二是来自于对可再生能源发展的市场预期[91]。随着可再生能源大规模接入电网，产生大量的弃风问题，这主要的原因就是可再生能源的间歇性、不稳定性，也就是不可调度性。通过储能技术手段可以把不可调度的"垃圾电"变为可调度的"优质电"，同时，时间上也能与用户负荷需求更匹配，比如把下半夜负荷峰谷时的风能储存起来白天利用。第三是峰谷电价差带来巨大的市场机会。随着大电网特别是经济发达地区的负荷峰谷差越来越大，如江苏、上海、北京、广东等，峰谷差已经达到 $60\%\sim80\%$，负荷最低时只有 20%，2019 年还有极端的情况发生，最大负荷峰谷差甚至达到了 90%。而储能能够提供关键的削峰填谷技术支撑，负荷峰谷差拉大，峰谷电价差逐步拉开，这对储能来说是巨大的市场机会。综合来看，分布式风力发电系统的储能市场需求很强，发展也会很快。

　　此外，储能特性和电能质量存在不可忽略的关联性，这种关联不仅体现在可再生能源分布式系统，在并网系统中也较为凸显。如大规模可再生能源结合大型储能电站时，储能在增加可再生能源上网电量上有一个放大效应或杠杆效应，通过辽宁电网的例子已经得到验证，$1MW\cdot h$ 的储能电量可以提高 $2\sim3MW\cdot h$ 甚至更多兆瓦时的可再生能源上网电量。因为它能使得可再生能源的输出更加平稳，电能质量得到提升。如 $10MW\cdot h$ 的风力发电量，匹配 $1MW\cdot h$ 的储能，有可能 $10MW\cdot h$ 的发电质量都提高了，从而上网电量大幅增加[92-94]。因此，如何改善影响电能质量与储能特性的多因素强耦合作用，进而降低甚至消除功率脉动、谐波特性，最终提高整机电能质量并且将多余的优质电能合理存储一直是分布式能源的战略目标。

　　已有众多学者对电能质量问题成因和特点开展了较为深入研究，并结合其各自实际情况制定了相关电能质量标准。目前比较权威的国际标准有国际电工委员会（IEC）制定与发布的 IEC 61000 电磁兼容系列标准，以及国际电气与电子工程师协会（IEEE）的 IEEE Std 1159 标准[95]。埃及曼苏尔大学 Sahar S. Kaddah 等提出根据离散马尔可夫分析的风速概率性特点和电网性质得到的电能质量通用指标，其涉及谐波、闪变和电压暂降等方面，可以适用于穿透能力较高的风电电网[96]。此外，还有学者论述研究了离散型及连续型电能质量指标。美国南卡罗来纳大学 Yong-June Shin 等探究了与短时扰动相关的电能质量指标，利用时频变换提出新的电能质量评价数学方法，并以实例验证该方法识别短时扰动的高分辨率和准确性[97]。意大利那不勒斯费德里克二世大学G. Carpinelli 等针对意大利电网提出离散统一型电压质量指标，并依据CBEMA/ITIC 曲线和 UNIPEDE DISDIP 标准完成算例验证，表明该统一型指标可有效地综合评价电压质量，且便于操作实施[98]。伊朗伊斯兰自由大学H. Siahkali 详细分析连续型与离散型电能质量指标，并分别论述了单项指标和统一指标，得到以 CBEMA/ITIC 曲线为基础的电压扰动定量评价指标，并利用该指标综合评价实际电网的电能质量[99-103]。然而，以上研究多是针对单项或部分电能质量提出问题，并没有给出评价指标及方法，例如对事件型电能质量问题大多仅描述现象与危害，未给出具体评判标准与指导性措施。与国外不同的是，我国于 20 世纪 80 年代初才开展系统地电能质量问题研究及标准制定，并于 1990 年相继颁布了多项电能质量标准，而且不断对其进行修订。据此归纳电能质量指标包括公用电网谐波及间谐波、频率偏差、电压波动及闪变、三相电压不平衡、电压偏差等。华南理工大学梁梅首先依据电力系统监测情况对监测对象进行分类，区分不同性质监测点对应的电能质量指标体系，并且针对电能质量指标间存在的关联性，采用独立因素分析确定指标分级，解决了多指标间耦合度不明确问题[10-112]。上述学者均依据有功功率与五项电能质量稳态指标的关联性以及数据特征，论述了利用 ARIMA 时间序列算法预测有功功率以得到电能质量稳态指标的方法，并利用神经网络模型预测了五项常规指标序列的变化情况，有利于维护电力系统的稳定性，并获得随用电负荷需求的变化，电能质量指标在不断发展。随着电磁兼容领域研究的逐步深入，尤其是传导性干扰指标的成果愈加丰富，电能质量指标将更加多样化，其限值也将更为精细化和合理化。

储能技术是指通过物理或化学等方法实现对电能的储存，并在需要时进行释放的一系列相关技术。一般而言，根据储存能量的方式不同可将其分类为机械储能、电磁储能及电化学储能。其中：机械储能又可划分为抽水储能、压缩空气储能、飞轮储能；电磁储能主要包括超导磁储能和超级电容器储能；电化学储能的方式是将电能以化学能形式进行储存和释放。目前的电化学储能主要包括电池和电化学电容器的装置实现储能，常用的电池有铅酸电池、铅炭电池、钠硫电池、液流电池、锂离子电池等。国内外已有很多学者对电能质量与储能特性的关联性进行了研究[113-115]。总结与归纳学者们的研究，主要如下：

（1）为了充分利用电池储能系统的冗余容量和改善微电网的电能质量，提出电池储能系统的一种多功能控制策略，在这种控制策略下电池储能系统既可以有效地维持微电网的功率平衡，又能很好地改善微电网的电能质量。

（2）针对分布式发电所具有的间歇波动性，通过 GTR 飞轮储能系统的快速响应，频繁充放特性实现对微电网内光伏波动的平滑，并结合实验数据给出储能装置的容量配比。在孤网情况下，通过飞轮储能系统的瞬时功率调节能力实现电源供给和负荷需求的平衡，稳定微电网频率。

（3）为提高微电网的工作效率和加强微电网的可靠性，应用功率超级电容模组构成和开关电容电压均衡技术、快速充放电技术、电能质量监测治理等技术和微电网电能质量分析装置，可广泛为微电网电力系统中电力调峰、提高系统运行稳定性和提高电网及微电网电能质量的重要技术手段。

（4）根据电网负荷的变化改变运行方式以向电网释放或吸收电能，并针对用户分布式储能进行了经济性分析。

此外，蓝希清等提出一种基于储能系统的 UPQC 结构，并设计了相关控制策略对其进行控制，该系统能够有效地改善电能质量，即使在电网断开的情况下，也能继续为用户提供高品质电能[116]。华中科技大学张步涵等建立了基于等效电路的电池储能系统和基于异步发电机风力发电系统的整体动态数学模型，设计了相应的控制策略，并以随机风和电网大扰动为例，采用电池储能系统对并网风电场的电能质量和稳定性问题进行仿真，表明采用该控制策略的电池储能系统可很好地改善并网风电场的电能质量和稳定性[117]。随着现代科学技术的发展，电力用户对电能质量的要求不断提高。清华大学曹彬等尝试超导储能系统，不仅可以进行电压跌落补偿，还可以实现负载波动补偿和有源滤波等功能，从而实现统一电能质量调节[118]。

1.4　研究内容

本书基于流体力学、传热学、工程热力学、电磁学及电机学等多学科交叉理论，基于热电效应、场协同理论、流固共轭换热理论、磁位矢量理论、静止边界理论等基础，采取测试与数值模拟相结合的方法，借助电机传动实验室和低湍流风洞等良好测试环境，通过 FLUKE 红外温度场测试装置、FLUKE Norma 5000 功率分析系统、高频 PIV 系统等一系列高精度测试设备，开展考虑外流场作用的多场耦合效果对风电系统关键特性影响机理的全面性研究。着重以风轮与发电机匹配为前提，开展基于多物理场耦合特性和表征的相关研究，探索风电系统产能效率、电能质量、功率脉动、储能特性与多物理场耦合程度的关联性、本质影响因素及各因素的相互制约关系，并借助权重分析法和多目标优化法分析单因素和多因素耦合作用分别对系统各特性的主控程度与调控规律。此外，借助现代热力学分析方法，尝试在非平衡风电系统中，着眼于整体与局部的机组效率动态变化，以熵、㶲作为不同物理过程的统一考究标准，综合考虑损耗功率及传热、散热特性，针对风电系统热与磁的损耗特点、多场耦合机理，探索风电系统产能过程生热、传热与不可逆损耗的关系。

相关研究成果将为减弱或消除多场耦合的理论研究提供可靠数据支撑，从而找到风电系统性能逼近极限值的切实可行措施；相关研究成果将为减弱或消除包括电压暂降、电压骤升、电压中断、谐波、低功率因数、电压波动或闪变、三相电压不对称等电能质量问题的研究提供可靠数据支撑，并结合实验数据给出储能装置的容量配比，从而通过储能补偿电能质量，实现供给和负荷需求的平衡调节、稳定频率，进而使得风电系统可提供稳定、可靠的绿色优质电能。从而使得直驱式风力发电系统不依赖控制系统而能够自身提供优质电能。

本书共分为 8 章，各章内容如下：

第 1 章介绍了永磁风力发电系统特点及其研究焦点问题、系统物理场及其研究现状，并对多物理场耦合形成过程、耦合方式、原因做了详尽说明，着重阐述了系统性能与多场耦合特性关联研究现状与分析。

第 2 章介绍了温度场、电磁场、流场各单物理场和耦合场数学模型，并阐述了耦合过程的场协同理论；对引起温升的风电系统中各种损耗、所采取的双向耦合与场路耦合方法做了翔实阐述；还介绍了热—功转换过程所涉及的转换过程及熵与㶲理论、系统储能特性理论及多目标优化方法。

第 3 章介绍了本研究所涉及的各种实验设备功能、特点、工作原理、结构以及采集数据注意事宜，并详细阐述了本研究所涉及系统温度场、流场、电能质量、功率脉动、储能特性实验测试方案。

第 4 章针对基于多场耦合作用下的实验测试结果做了详尽分析，首先基于风轮与发电机匹配特性实验数据，提出了匹配条件；然后对发电机温度场测试数据、发电机外围冷却流场测试数据分析后，分别获取了风电系统温度场、速度场分布特征和尾迹流场流动特征，并对机组输出特性谐波畸变率、不平衡度和功率因数、功率脉动率等电能质量问题进行了翔实分析；最后分析了加装储能设备的扩展系统实验测试结果，并探索了提高用电效率的切实规律。

第 5 章基于多场耦合作用下的数值模拟计算及仿真结果做了详尽分析，以便准确定位电磁场、温度场、流场间的耦合关系。本章对照第 4 章实验结果，对系统各单场、多场耦合、场路耦合、输出电能质量和储能特性进行了数值模拟和仿真分析，旨在对比实验结果，获取各耦合因素的关联规律，为探索多场耦合的解耦措施提供可靠依据。就电磁场与温度场存在的强耦合关系而言，将流场作为散热条件，采取两种耦合方法，以分析定转子铁芯、永磁体及电机沟槽在不同运行工况和不同定子结构的涡流损耗为依据，对温度场和电磁场进行双向迭代耦合计算；并采取有限元分析软件中的共轭梯度求解器（JCG）对小型永磁风力发电机空载、瞬态负载及不同定子结构 1/4 有效区域的电磁场进行了计算；采取场路耦合方法诠释了路的输出随着场的变化的动态关系，并借助用 Matlab/Simulink 仿真了系统电能质量和储能特性受多场耦合的程度，与第

4 章实验结果对比后获得可靠结果。

第 6 章本章将风电系统作为产能系统，通过建立风力发电系统的热力学分析模型和耦合数学表达式，不但从量方面分析，更要从质方面入手来进行能量传递、转换过程的机理研究。将中心尾迹区流场速度矢量及旋转激励作为初始约束条件，建立内—固—外求解域模型，采取有限公式法模拟分析外流场作用的电机内部温度场、流场、电磁场耦合情况，得到熵产率、㶲损率、熵流率的变化特性，并借助场—路耦合手段，探究磁场畸变对输出特性的影响程度，再结合单场计算结果，探究各诱因对熵、㶲动态分布的影响方式，进而揭示电磁与热的双势场耦合激励对输出效率的响应规律。最终针对风电这一产能系统，因熵产而导致的外因㶲损失、内因㶲损失、可回避㶲损失、不可回避㶲损失，进而结合㶲经济、㶲环境，获得风力发电系统功—热转换的动态规律。

第 7 章本章结合层次分析法主观权重和熵值法客观权重法，借助多因素多目标优化法及双层博弈优化模型，基于上述模拟与计算结果所获取的系统性能影响因素和多物理场耦合因素，开展系统特性的优化研究，旨在探究系统电能质量各指标最佳、功率脉动极小、熵产极小、产能效率极大的可行性措施，并以系统㶲效率、㶲经济为新视角，探索多场耦合的可行性解耦条件与具体合理方案。

第 8 章在上述研究分析基础上，对全书进行了总结，并指出了研究工作中存在的问题、不足之处及下一步研究方向。

第 2 章

相 关 理 论

2.1 物理场数学模型

本章分别将温度场、电磁场、流场及耦合场模拟计算过程涉及的数学方程一一介绍，而数学模型实际上就是多个方程的集合，其中每个方程可表示出对应场的形成过程和特点，模拟计算过程就是方程迭代，最终求解结果以云图或曲线形式表示。

2.1.1 温度场数学模型

1. 导热过程

风力发电系统中，来流风能经风轮有效利用，产生旋转机械的轴功，而发电机转子受旋转约束的影响，产生剧烈变化的交变磁场，产生输出㶲。在整机能量有效利用的同时，发电机外部因风磨、机械摩擦，内部因焦耳、磁滞、涡流等多效应影响，产生大量不可逆损耗，不仅降低风电机组㶲效率，且各种损耗成为发电机温升的主要热源，通过固体间导热形式，热量传递至定子、转子、外壳、转轴各处，造成发电机各向异性的温升现象。

针对永磁发电机三维温度场数值研究，数学模型由傅里叶定律及能量守恒定律建立，用来描述物体温度变化规律，将整个导热过程分为无限个稳态过程，其中三维稳态方程可表示为[119]

$$\frac{\partial}{\partial x}\left(\lambda_x \frac{\partial T}{\partial x}\right) + \frac{\partial}{\partial y}\left(\lambda_y \frac{\partial T}{\partial y}\right) + \frac{\partial}{\partial z}\left(\lambda_z \frac{\partial T}{\partial z}\right) = -q_v \tag{2-1}$$

式中　　　T——固体待求温度，K；

λ_x、λ_y、λ_z——求解域内各种材料沿不同方向的传热系数，W/(m·K)；

q_v——电机内各损耗产生的内热源热功率，W/m³。

2. 对流换热过程

对于小型风力发电机，当局部温升集聚时，自然对流换热与强制对流换热是主要散热形式，内部封闭湍流流场、外部近尾迹流场是主要散热冷源。故发生在流—固接触面上的共轭换热是流体矢量与温度梯度矢量的双矢量场双向耦合过程。由于流—固双介质的热属性动态变化，且呈不均匀分布特性，因此，在流—热耦合数值模拟中，流—固边界条件的界定极为关键。流—固接触面热力学边界主要分为：

（1）确定边界温度的第一类边界，即

$$T(x,0)=f(x); T(0,t)=T_s \tag{2-2}$$

（2）确定边界热流密度的第二类边界，即

$$q(0,t)=\text{const} \tag{2-3}$$

（3）确定边界换热系数与换热流体温度的第三类边界，即

$$h(0,t)=\text{const}; t_f=\text{const} \tag{2-4}$$

本研究考虑流—固介质温升、换热量、换热系数的动态变化，以及共轭耦合换热过程双向影响特性，流—固接触面热边界采用第三类边界条件的瞬态情况的变形，即

$$q_c=h(T_w-T_f) \tag{2-5}$$

式中　T_w——流—固接触边界温度；

　　　h——流—热耦合过程对流换热系数；

　　　T_f——周围流体温度；

　　　q_c——对流换热量。

流—热双向耦合计算主要为判断发电机流—固共轭换热性能。

3. 辐射换热过程

计算分析永磁风力发电机换热特性时，通常仅考虑因强制对流引起的换热，忽略辐射换热的影响。究其原因为强制对流换热系数远大于辐射换热系数。然而，强制对流换热仅发生在发电机外壳肋片、转子散热孔与定子、转子间气隙处，在外壳两端端盖处，换热性能较低，尤其在内部端部空间的换热面，几近于自然对流，在换热分析中辐射换热的效果就必须被考虑。辐射换热也是高温定子向其他他面（尤其是裸露于空气中的表贴永磁体）的主要传热方式之一。综上，进行流—固接触面上对流换热过程分析时，应考虑高温壁面通过辐射换热形式向流体域或其他壁面传递热量，即

$$q_r=C_n\left[\left(\frac{T_1}{100}\right)^4-\left(\frac{T_2}{100}\right)^4\right] \tag{2-6}$$

式中　C_n——辐射换热系数；

　T_1、T_2——两换热面温度；

q_r——辐射换热量。

辐射换热计算主要为更贴合实际计算换热量。

任何一个风电机组都包括作为原动机的风力机和将机械能转变为电能的发电机，在其进行热—功转化过程中产生的能量损耗终以热量的形式散失在环境中。而发电机传热是复杂的多物理场相互作用过程，因其各部件材质不同，其损耗密度与冷却条件也各不相同，且相互影响，不能当简单的均值发热体进行计算。发电机运行过程中，发热体损耗产生的热量，大部分由发热体以热传导方式传递到和冷却介质直接接触的表面，进而以对流换热方式将热量散失。根据传热学理论，可知常见的换热形式主要有导热、辐射换热与对流换热三种，但对于小型永磁风力发电机，散热面上由于对流换热带走的热量远大于热辐射散失的热量，所以在发电机整个传热过程中主要以热传导与热对流为主。

发电机温度场的计算，主要分析定子绕组、定子铁芯、转子以及外壳的温度分布情况。计算发电机三维温度场，主要计算其轴向、径向和周向三方向的传热问题，其各部件温度场计算实质上就是解导热微分方程，以各部件表面作为边界层进行分析。物体内部热流密度 q_1 即为单位时间通过等热面的热量，与各点法向上空间温度梯度成正比，即为傅里叶定律[120-121]，数学表达式为[122]

$$q_1 = -\lambda \frac{\partial t}{\partial x} \qquad (2-7)$$

式中　λ——导热系数；

$\dfrac{\partial t}{\partial x}$——温度梯度。

温度梯度的正方向为温度升高方向，热流正方向为温度降低方向，两者方向相反。所以，必须用矢量形式才能更确切、更完整地把它们之间的关系表达出来，即

$$\boldsymbol{q}_1 = -\lambda \operatorname{grad} \boldsymbol{t} \qquad (2-8)$$

式中　$\operatorname{grad} t$——温度梯度。

温度梯度在空间三维坐标分量等于其相应的偏导数，即

$$\operatorname{grad} t = \frac{\partial t}{\partial x}\boldsymbol{i} + \frac{\partial t}{\partial y}\boldsymbol{j} + \frac{\partial t}{\partial z}\boldsymbol{k} \qquad (2-9)$$

4. 导热系数

发电机中，有些材料导热性能各项同性，如定子铁芯、转子、外壳三个方向导热系数相同，即 $\lambda_x = \lambda_y = \lambda_z$；有些材料导热性能各向异性，如定子绕组、定子绝缘层等。它们三个方向的导热系数不同，即 $\lambda_x \neq \lambda_y \neq \lambda_z$，则

$$
\left.
\begin{aligned}
\bm{q}_x &= -\lambda_x \frac{\partial t}{\partial x} \\
\bm{q}_y &= -\lambda_y \frac{\partial t}{\partial y} \\
\bm{q}_z &= -\lambda_z \frac{\partial t}{\partial z}
\end{aligned}
\right\}
\qquad (2-10)
$$

由于发电机内部各导热体几何形状不规则，实际计算时可用等效导热系数描述各导热体传热性能。

（1）定子铁芯导热系数。发电机定子铁芯是由硅钢片叠压而形成的，定子铁芯沿轴向的热传递可等效为多层相同平壁串联而成，沿径向的热传递可等效为多层相同平壁并联而成。所以，发电机定子铁芯沿径向的导热系数要比轴向导热系数大很多。

（2）绝缘层导热系数。发电机的绝缘部分大多是由多种材料组合而成的，而这些材料不可能完全均质，且各绝缘材料层之间有气隙存在。因此，采用等效导热系数法，计算其定子铁芯槽内的绝缘材料热传导比较实用。计算过程中，可以将定子铁芯槽内的绝缘材料，如层间绝缘、槽绝缘、浸渍漆以及空气层等效为一个导热体，将槽内绕组等效为两个导热体，其等效图如图 2-1、图 2-2 所示。

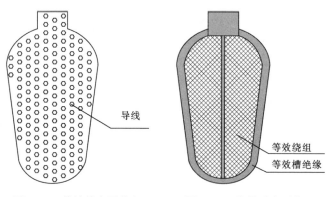

图 2-1　等效前定子绕组　　　　图 2-2　等效后定子绕组

（3）定子绕组等效导热系数。将定子绕组等效成导热体，将其直线段轴向导热系数以及绕组端部圆周方向上的导热，等效为绕组铁芯的导热系数。

在发电机运行过程中，有些部分的损失是分布在整个体积上的，如定子铁芯、定子绕组以及转子铁芯等，构成热回路时假设损耗集中在各节点上，其计算方法如下[123]：

发电机传热微元示意图如图 2-3 所示，假设全部损耗都集中在 A 断面

上，热流密度 q_v 由面 A 传到面 B。传热过程满足傅里叶定律，故两面之间温差 θ 为

$$\theta = q_v \delta S \frac{\delta}{\lambda S} = q_v \delta S \frac{1}{G} \qquad (2-11)$$

实际情况是在整个体积内都有损耗分布，即

$$\theta = \frac{1}{\lambda} \int_0^\delta q_v x\, \mathrm{d}x = \frac{1}{2\lambda} q_v \delta^2 = q_v \delta S \frac{1}{2\lambda S}$$
$$(2-12)$$

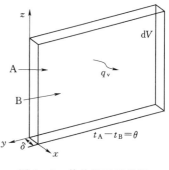

图 2-3 传热微元示意图

式中 q_v——体积流量，$\mathrm{m^3/s}$；

  δ——A、B 断面间气隙长度，m；

  S——形状因子；

  λ——导热系数，$\mathrm{W/(m \cdot K)}$；

  G——投入辐射，$\mathrm{W/m^2}$。

总之，发电机各部件的导热系数与温度有关，对于金属与合金材料，一般温度升高导热系数降低。100℃要比 50℃导热系数降低 $1\% \sim 2\%$，变化幅度较小。绝缘材料与非金属材料导热系数随温度的升高略有增加，且这些材料实际温度很难预先知道，使用反复迭代法进行修正，计算量特别大，可以忽略不计。因此在实际计算过程中，可以足够准确地认为发电机内部各部件导热系数为常数。

5. 热分析控制方程

发电机传热问题属于典型的三维非稳态传热，经典传热学三维非稳态热传导控制微分方程为[124]

$$\frac{\partial}{\partial x}\left(k_{xx}\frac{\partial T}{\partial x}\right) + \frac{\partial}{\partial y}\left(k_{yy}\frac{\partial T}{\partial y}\right) + \frac{\partial}{\partial z}\left(k_{zz}\frac{\partial T}{\partial z}\right) + \dddot{q} = \rho c \frac{\mathrm{d}T}{\mathrm{d}t} \qquad (2-13)$$

其中

$$\frac{\mathrm{d}T}{\mathrm{d}t} = \frac{\partial T}{\partial t} + V_x \frac{\partial T}{\partial x} + V_y \frac{\partial T}{\partial y} + V_z \frac{\partial T}{\partial z} \qquad (2-14)$$

式中 V_x、V_y、V_z——介质传导速率。

采用有限元方法对永磁风力发电机进行热分析时，需要将其控制微分方程转换成等效积分方程为

$$S_2 \int_{\mathrm{vol}} \left[\rho c \delta T \left(\frac{\partial T}{\partial t} + v^\mathrm{T} L^\mathrm{T} \right) + L^\mathrm{T} \right] + L^\mathrm{T} \delta T (DL^\mathrm{T}) \mathrm{d}vol$$

$$= \int_{S_2} \delta T q^* \,\mathrm{d}S_2 + \int_{S_3} \delta T h_f (T_B - T) \mathrm{d}S_3 + \int_{\mathrm{vol}} \delta T \dddot{q}\, \mathrm{d}vol \qquad (2-15)$$

其中

$$L^\mathrm{T} = \left[\frac{\partial}{\partial x} \frac{\partial}{\partial y} \frac{\partial}{\partial z} \right]$$

式中　vol——单位体积；

$\ddot{q}$——单位体积生成热；

h_f——对流换热系数；

T_B——流体温度；

δT——温度虚变量；

S_2——施加热通量的面积；

S_3——施加对流的面积。

计算过程中，将计算域划分为单元，二维模型一般使用三角形或者四边形划分，而三维模型采用四面体、六面体、金字塔形进行划分。

单元内温升变化可用多项式来表示。通常，所选单元类型不同，用以表达的多项式就含有不同的一次、二次、三次项。多项式的假设保证了温度计算在单元内以及边界上的连续性。

以单元结点温度作为未知数的多项式为

$$T = \boldsymbol{N}^{\mathrm{T}} \boldsymbol{T}_{\mathbf{e}} \qquad (2-16)$$

式中　$\boldsymbol{N}^{\mathrm{T}}$——单元形函数；

$\boldsymbol{T}_{\mathbf{e}}$——单元结点上的温度矢量。

通过以上单元结点的温度，可以得到每个单元的热流以及温度梯度，即

$$\boldsymbol{a} = \boldsymbol{L}^{\mathrm{T}} = \boldsymbol{B} \boldsymbol{T}_{\mathbf{e}} \qquad (2-17)$$

其中　　　　　　　　　　　$\boldsymbol{B} = \boldsymbol{L}^{\mathrm{T}} \boldsymbol{N}$

式中　$\boldsymbol{a}$——热梯度的矢量。

热流量的计算公式为

$$\boldsymbol{q} = \boldsymbol{D} \boldsymbol{L}^{\mathrm{T}} = \boldsymbol{D} \boldsymbol{B} \boldsymbol{T}_{\mathbf{e}} = \boldsymbol{D} \boldsymbol{a} \qquad (2-18)$$

式中　$\boldsymbol{D}$——材料热传导属性矩阵。

将假设温度带入热传导数值计算积分方程，结果为

$$\int_{vol} \rho c \boldsymbol{N}^{\mathrm{T}} \boldsymbol{N} \mathrm{d}vol \boldsymbol{T}_{\mathbf{e}} + \int_{vol} \rho c \boldsymbol{N}^{\mathrm{T}} \boldsymbol{v}^{\mathrm{T}} \boldsymbol{B} \mathrm{d}vol \boldsymbol{T}_{\mathbf{e}} + \int_{vol} \boldsymbol{B}^{\mathrm{T}} \boldsymbol{D} \boldsymbol{B} \mathrm{d}vol \boldsymbol{T}_{\mathbf{e}}$$

$$= \int_{s_2} \boldsymbol{N} \boldsymbol{q}^* \mathrm{d}S_2 + \int_{s_3} T_B h_f \boldsymbol{N} \mathrm{d}S_3 - \int_{s_3} h_f \boldsymbol{N}^{\mathrm{T}} \boldsymbol{N} \boldsymbol{T}_{\mathbf{e}} \mathrm{d}S_3 + \int_{vol} \ddot{q} \mathrm{d}vol \quad (2-19)$$

将式（2-19）写成矩阵形式，即

$$\boldsymbol{C} \boldsymbol{T} + (\boldsymbol{K}^{\mathrm{m}} + \boldsymbol{K}^{\mathrm{d}} + \boldsymbol{K}^{\mathrm{c}}) \boldsymbol{T} = \boldsymbol{Q}^{\mathrm{f}} + \boldsymbol{Q}^{\mathrm{c}} + \boldsymbol{Q}^{\mathrm{g}} \qquad (2-20)$$

其中　　　　　　　　　　　$\boldsymbol{C} = \int_{vol} \rho c \boldsymbol{N}^{\mathrm{T}} \boldsymbol{N} \mathrm{d}vol$

$$\boldsymbol{K}^{\mathrm{m}} = \int_{vol} \rho c \boldsymbol{N}^{\mathrm{T}} \boldsymbol{v}^{\mathrm{T}} \boldsymbol{B} \mathrm{d}vol$$

$$\boldsymbol{K}^{\mathrm{d}} = \int_{vol} \boldsymbol{B}^{\mathrm{T}} \boldsymbol{D} \boldsymbol{B} \mathrm{d}vol$$

$$\left.\begin{array}{l} \boldsymbol{K}^{\mathrm{c}} = \displaystyle\int_{S_3} h_{\mathrm{f}} \boldsymbol{N}^{\mathrm{T}} \boldsymbol{N} \boldsymbol{T}_{\mathbf{e}} \mathrm{d} S_3 \\[2.5ex] \boldsymbol{Q}^{\mathrm{f}} = \displaystyle\int_{S_2} \boldsymbol{N} \boldsymbol{q}^* \, \mathrm{d} S_2 \\[2.5ex] \boldsymbol{Q}^{\mathrm{c}} = \displaystyle\int_{S_3} T_{\mathrm{B}} h_{\mathrm{f}} \boldsymbol{N} \mathrm{d} S_3 \\[2.5ex] \boldsymbol{Q}^{\mathrm{g}} = \displaystyle\int_{\mathrm{vol}} \ddot{q} \, \mathrm{d} vol \end{array}\right\} \tag{2-21}$$

6. 对流换热系数

对流换热系数是表征固体表面与流体进行热量交换能力的综合系数，它与流体种类（液体或气体）、流体物理性质（比热容、密度、黏度以及导热系数）、流体运动形态（层流或者紊流）、固体表面几何形状（平板或者管状等）以及热流的方向等诸多因素息息相关[125]。

发电机的对流换热形式为有限空间内流体与固体壁面间的换热，图 2-4 给出了对流换热过程中物体壁面附近的热量传输情况。显然，流体在固体壁面处的导热热通量与对流热通量相等，即

$$\boldsymbol{q}_{\mathrm{x}} = \boldsymbol{q}_{\mathrm{cond}} = -\lambda \left(\frac{\partial \boldsymbol{t}}{\partial y}\right)_{\mathrm{w}} = \boldsymbol{q}_{\mathrm{conv}} = \alpha_{\mathrm{x}} \Delta \boldsymbol{t} \tag{2-22}$$

式中　α_{x}——x 位置处的局部对流换热系数。

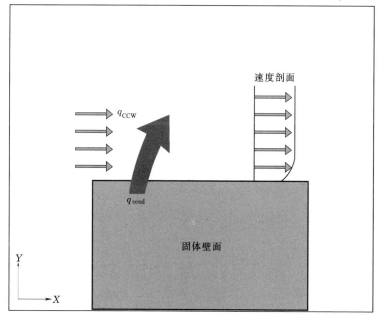

图 2-4　对流换热热量传输示意图

整理式（2-22），得

$$\alpha_x = -\frac{\lambda}{\Delta t}\left(\frac{\partial t}{\partial y}\right)_w \qquad (2-23)$$

式（2-23）为对流换热微分方程，它阐述了对流换热系数与流体温度场之间的关系。

然而，在实际运行过程中由经验公式所得对流换热系数，与试验所测值偏差很大，经过反复的试验操作与计算迭代，得到比较接近实际情况各部件表面散热系数计算公式如下[126]：

（1）定、转子表面换热公式为

$$\alpha_\delta = 28(1+u_\delta)^{0.5} \qquad (2-24)$$

式中　α_δ——对流换热系数，$W/(m \cdot K)$；

　　　　u_δ——气隙处平均风速值。

一般情况下

$$u_\delta = \frac{u_2}{2} \qquad (2-25)$$

式中　u_2——转子外表面线速度，m/s。

（2）机壳外表面散热系数，当发电机内部无气体循环流动时，外壳散热系数为

$$\alpha_{sh} = 40 \qquad (2-26)$$

当机壳内有气体循环时，机壳外表面向周围空气的散热系数计算为

$$\alpha_{sh} = 14(1+0.5\sqrt{V_s})\left(\frac{T_0}{25}\right)^{\frac{1}{3}} \qquad (2-27)$$

式中　V_s——吹拂机座内壁风速，m/s；

　　　　T_0——机座外表面温度，℃。

2.1.2　流场数学模型

风电机组因风轮的不完全利用形成近尾迹流场，这部分流场是发电机外壳散热的主要冷源，由于其矢量性使得发电机温度分布呈径向不对称性，故由于黏性力作用下的旋转内流场湍流程度加剧。

1. 空气湍流状态

发电机内、外流体为不可压缩流体，空气流动处于湍流状态。在瞬态坐标系下建立流动与换热瞬态控制方程，依次为质量、动量及能量守恒方程[127]，即

$$\left.\begin{array}{l} \nabla(\rho \boldsymbol{u}_r) = 0 \\ \nabla(\rho \boldsymbol{u}_r \boldsymbol{u}_r) + \rho(2\boldsymbol{\Omega}\boldsymbol{u}_r + \boldsymbol{\Omega}\boldsymbol{\Omega}r) = -\nabla p + \nabla \tau + \boldsymbol{F} \\ \nabla(\rho u T) = \nabla(\Gamma \mathrm{grad}T) + S_T \end{array}\right\} \qquad (2-28)$$

式中　ρ——流体密度；

　　　$\boldsymbol{\Omega}$——流体速度矢量；

　　　$\boldsymbol{r}$——微元体位置矢量；

　　　$\boldsymbol{F}$——微元体上的体积力；

　　　τ——微元体表面的黏性应力；

　　　T——微元体温度；

　　　Γ——扩散系数；

　　S_T——单位体积内热源产生的热量与定压比热容的比值。

2. 不同湍流模型的差异性

对于外流场流体矢量在发电机外壳表面绕流中，反映湍流特性的控制方程分别采用 Standard k -ε 方程、Realizable k -ε 方程与 RNG k -ε 方程，即

$$\frac{\partial(\rho k)}{\partial t}+\frac{\partial(\rho k \boldsymbol{u}_i)}{\partial \boldsymbol{x}_i}=\frac{\partial}{\partial \boldsymbol{x}_j}\left[\left(\mu+\frac{\mu_t}{\sigma_k}\right)\frac{\partial k}{\partial x_j}\right]+G_k+G_b-\rho\varepsilon-Y_M+S_k \quad (2-29)$$

$$\frac{\partial(\rho\varepsilon)}{\partial t}+\frac{\partial(\rho\varepsilon \boldsymbol{u}_i)}{\partial \boldsymbol{x}_i}=\frac{\partial}{\partial \boldsymbol{x}_j}\left[\left(\mu+\frac{\mu_t}{\sigma_\varepsilon}\right)\frac{\partial\varepsilon}{\partial x_j}\right]+C_{1\varepsilon}\frac{\varepsilon}{k}(G_k+C_{3\varepsilon}G_b)-C_{2\varepsilon}\rho\frac{\varepsilon^2}{k}+S_\varepsilon$$

$$(2-30)$$

$$\frac{\partial(\rho k)}{\partial t}+\frac{\partial(\rho k \boldsymbol{u}_i)}{\partial \boldsymbol{x}_i}=\frac{\partial}{\partial \boldsymbol{x}_j}\left[\left(\mu+\frac{\mu_t}{\sigma_k}\right)\frac{\partial k}{\partial x_j}\right]+G_k-\rho\varepsilon \quad (2-31)$$

$$\frac{\partial(\rho\varepsilon)}{\partial t}+\frac{\partial(\rho\varepsilon \boldsymbol{u}_i)}{\partial \boldsymbol{x}_i}=\frac{\partial}{\partial \boldsymbol{x}_j}\left[\left(\mu+\frac{\mu_t}{\sigma_\varepsilon}\right)\frac{\partial\varepsilon}{\partial x_j}\right]+\rho C_1 E\varepsilon-\rho C_2\frac{\varepsilon^2}{k+\sqrt{v\varepsilon}} \quad (2-32)$$

$$\frac{\partial(\rho k)}{\partial t}+\frac{\partial(\rho k \boldsymbol{u}_i)}{\partial \boldsymbol{x}_i}=\frac{\partial}{\partial \boldsymbol{x}_j}\left[\alpha_k\mu_{eff}\frac{\partial k}{\partial x_j}\right]+G_k+\rho\varepsilon \quad (2-33)$$

$$\frac{\partial(\rho\varepsilon)}{\partial t}+\frac{\partial(\rho\varepsilon \boldsymbol{u}_i)}{\partial \boldsymbol{x}_i}=\frac{\partial}{\partial x_j}\left[\alpha_k\mu_{eff}\frac{\partial\varepsilon}{\partial x_j}\right]+\frac{C_{1\varepsilon}^*\varepsilon}{k}G_k-C_{2\varepsilon}\rho\frac{\varepsilon^2}{k} \quad (2-34)$$

式中　　　G_k——由于平均速度梯度引起的湍流动能 k 的产生项；

　　　　　G_b——由于浮力引起的湍动能 k 的产生项；

　　　　　Y_M——可压湍流中脉动扩张的贡献；

$C_{1\varepsilon}$、$C_{2\varepsilon}$、$C_{3\varepsilon}$——经验常数；

　　　σ_k、σ_ε——与湍动能 k 和耗散系数 ε 对应的 Pr 数；

　　　　　S_k、S_ε——源项；

　　　　　　μ_t——湍流动力黏度。

对于标准 k -ε 模型，其假设流体流动为完全湍流，且忽略了黏滞力的影响；对于 Realizable k -ε 模型，相比标准 k -ε 模型增加对湍流强度的分析，并优化耗散率计算；对于 RNG k -ε 模型，相比其他模型考虑了湍流旋涡，为湍流普朗特数（Pr）提供新的解析公式，但仅适用于低雷诺数（Re）流

动中[128-130]。

3. 适用于二次流过程的湍流模型

传统的涡黏模型在早期的工程计算中发挥了巨大的作用，但由于这些模型没有考虑到旋转坐标系下脉动速度所遵循的雷诺应力的运输机制，从本质上讲与雷诺应力的运输过程不相容，不再适用于风力发电机中因旋转黏滞力及温势差而形成各向异性较为明显的复杂流动模型。因此，开发适用于风力发电机内部换热的二次流湍流模型具有重要的工程价值[131-132]。

针对发电机内部空间小、强旋转力、弱剪应力的独特流体流动特点，选取 SST k-ω 作为参照，修正其湍流黏度的异向性，将其中的标量参数替换为张量参数，即

$$-\rho \overline{u_i' u_j'} = \boldsymbol{\mu}_{\mathrm{t},ij} \left(\frac{\partial \boldsymbol{u}_i}{\partial \boldsymbol{x}_j} + \frac{\partial \boldsymbol{u}_j}{\partial \boldsymbol{x}_i} \right) - \frac{2}{3} \rho k \delta_{ij} \qquad (2-35)$$

其中

$$\boldsymbol{\mu}_{\mathrm{t},ij} = \begin{bmatrix} \mu_{\mathrm{t},11} & \mu_{\mathrm{t},12} & \mu_{\mathrm{t},13} \\ \mu_{\mathrm{t},21} & \mu_{\mathrm{t},22} & \mu_{\mathrm{t},23} \\ \mu_{\mathrm{t},31} & \mu_{\mathrm{t},32} & \mu_{\mathrm{t},33} \end{bmatrix}$$

对于本研究中空冷散热发电机结构，Coriolis force 的方向为 x、z 方向，而因温势差导致的流势变化为 y 方向，故受 Coriolis force 影响较大的雷诺切应力应为 $\overline{u'\omega'}$ 与 $\overline{v'v'}$ 两分量。因而本书修正 $\mu_{\mathrm{t},13}$ 与 $\mu_{\mathrm{t},22}$ 以适应发电机运行中的二次流问题。为推导二次流系数 f_{ij}，简化雷诺应力微分方程，即

$$P_{ij} - G_{ij} - c_1 \frac{\varepsilon}{k} \left(\overline{u_i' u_j'} - \frac{2}{3} k \delta_{ij} \right) - c_2 \left(P_{ij} - \frac{2}{3} P_{\mathrm{k}} \delta \right) - \frac{2}{3} \varepsilon \delta_{ij} = 0$$

$$(2-36)$$

其中，$P_{ij} = -\left(\overline{u_i' u_k'} \dfrac{\partial \overline{u_j}}{\partial x_{\mathrm{k}}} + \overline{u_j' u_k'} \dfrac{\partial \overline{u_i}}{\partial x_{\mathrm{k}}} \right)$ 为应力衍生项；$G_{ij} = -2\Omega_{\mathrm{p}} \left(\varepsilon_{ipk} \right.$

$\overline{u_k' u_j'} + \varepsilon_{ipk} \overline{u_k' u_i'} \left. \right)$ 为 Coriolis force 衍生项；$-c_1 \dfrac{\varepsilon}{k} \left(\overline{u_i' u_j'} - \dfrac{2}{3} k \delta_{ij} \right) - c_2$

$\left(P_{ij} - \dfrac{2}{3} P_{\mathrm{k}} \delta_{ij} \right)$ 为再分配项；$-\dfrac{2}{3} \varepsilon \delta_{ij}$ 为耗散项。常数 $c_1 = 1.5$，$c_2 = 0.6$。

经对各衍生项简化进而得到二次流系数 f_{13} 与 f_{22} 为

$$f_{13} = \frac{\mu_{\mathrm{t},13}^*}{\mu_{\mathrm{t},13}} = 1 + \frac{5\Omega}{\dfrac{\partial \omega}{\partial x}} \left(\frac{\overline{\omega' \omega'}}{\overline{u' u'}} - 1 \right) \qquad (2-37)$$

$$f_{22} = \frac{\mu_{t,22}^*}{\mu_{t,22}} = 1 - \frac{2\Omega}{\dfrac{11}{15}\left(\dfrac{\partial \boldsymbol{v}}{\partial x}\right) + \dfrac{\dfrac{1}{3}\varepsilon}{\boldsymbol{u'v'}}} = 1 - \frac{2\Omega}{\dfrac{11}{15}\left(\dfrac{\partial \boldsymbol{v}}{\partial x}\right) + \dfrac{\dfrac{1}{3}\varepsilon}{-\dfrac{\mu_{t,13}^*}{\rho}\left(\dfrac{\partial \boldsymbol{u}}{\partial y} + \dfrac{\partial \boldsymbol{v}}{\partial x}\right)}}$$

$$(2-38)$$

其中 $\mu_{t,13}$ 和 $\mu_{t,22}$ 为非二次流状态的湍流黏度；$\mu_{t,13}^*$ 和 $\mu_{t,22}^*$ 为二次流状态的湍流黏度。湍流模型的优化是为得到符合风力发电机特性的流—热双向耦合计算结果。

2.1.3 电磁场数学模型

时变电磁场的场量既是空间函数，又是时间函数，若电场和磁场随时间作正弦变化，这种电磁场就称为正弦电磁场[133]。正弦电磁场通常是由正弦交流电流产生，它是时变电磁场中最常见的一种，与交流正弦电路中的电压和电流相类似，正弦电磁场也可以用复数来表示运算，例如在三维直角坐标系中，磁感应强度 B 为[134]

$$B(x,y,z,t) = B_x\cos(\omega t + \varphi_x)i + B_y\cos(\omega t + \varphi_y)j + B_z\cos(\omega t + \varphi_z)k$$

$$(2-39)$$

将式（2-39）中时间的余弦函数用复数表示，则有

$$\left. \begin{aligned} B_x\cos(\omega t + \varphi_x) &= \mathrm{Re}[B_x e^{\mathrm{j}(\omega t + \varphi_x)}] = \mathrm{Re}[\boldsymbol{B}_x e^{\mathrm{j}\omega t}] \\ B_y\cos(\omega t + \varphi_y) &= \mathrm{Re}[B_y e^{\mathrm{j}(\omega t + \varphi_y)}] = \mathrm{Re}[\boldsymbol{B}_y e^{\mathrm{j}\omega t}] \\ B_z\cos(\omega t + \varphi_z) &= \mathrm{Re}[B_z e^{\mathrm{j}(\omega t + \varphi_z)}] = \mathrm{Re}[\boldsymbol{B}_z e^{\mathrm{j}\omega t}] \end{aligned} \right\}$$

$$(2-40)$$

$\boldsymbol{B}_x$、$\boldsymbol{B}_y$、$\boldsymbol{B}_z$ 分别为 x、y、z 方向的磁感应强度分量向量，且有

$$\boldsymbol{B}_x = B_x e^{\mathrm{j}\varphi_x}, \boldsymbol{B}_y = B_y e^{\mathrm{j}\varphi_y}, \boldsymbol{B}_z = B_z e^{\mathrm{j}\varphi_z}$$

$$(2-41)$$

联合式（2-39）～式（2-41）得

$$B(x,y,z,t) = \mathrm{Re}[(\boldsymbol{B}_x i + \boldsymbol{B}_y j + \boldsymbol{B}_z k)e^{\mathrm{j}\omega t}] = \mathrm{Re}(\boldsymbol{B}e^{\mathrm{j}\omega t}) \qquad (2-42)$$

式中 $\boldsymbol{B}$ 为磁感应强度的复向量，且

$$\boldsymbol{B} = \boldsymbol{B}_x i + \boldsymbol{B}_y j + \boldsymbol{B}_z k \qquad (2-43)$$

用复数表示时，复向量对时间求导数，相当于复向量前乘以 $\mathrm{j}\omega$，即 $\mathrm{d}/\mathrm{d}t = \mathrm{j}\omega$，由此可得，在正弦电磁场中，麦克斯韦方程组的复数形式为

$$
\left.
\begin{array}{l}
\text{rot} \boldsymbol{H} = \boldsymbol{J} + \mathrm{j}\omega \boldsymbol{D} \\
\text{rot} \boldsymbol{E} = -\mathrm{j}\omega \boldsymbol{B} \\
\text{div} \boldsymbol{B} = 0 \\
\text{div} \boldsymbol{D} = \rho
\end{array}
\right\}
\tag{2-44}
$$

其介质的本构关系为

$$
\boldsymbol{B} = \mu \boldsymbol{H}, \boldsymbol{D} = \varepsilon \boldsymbol{E}, \boldsymbol{J} = \sigma(\boldsymbol{E} + \boldsymbol{E}^e)
\tag{2-45}
$$

2.1.3.1 空载磁场的边值问题

同步发电机的空载特性通常都是用磁路计算法算出，本节说明如何用有限元法精确地算出空载时气隙和铁芯内的磁场分布以及空载特性[135-136]。

在不影响计算精度和结果条件下，为简化分析和计算，假定：

(1) 定子和转子没有轴向通风槽，且定子、转子铁芯的轴向长度相等。

(2) 电机横截面内的磁场为二维平行平面场。

(3) 采用直角坐标系定子、转子的曲率忽略不计。

(4) 主极极弧以最小气隙和最大气隙的抛物线表示。

(5) 本研究定子绕组为整数槽绕组。

图 2-5 为研究发电机的剖面图，由于每极每相槽数 $q=4$，所以空载磁场分布与主极中心线对称，可以把半个极距内的区域 abcd 作为求解域。在求解域内，矢量磁位（用 $\boldsymbol{A}$ 表示）满足二维准泊松方程空载磁场的边值问题[16]，即

$$
\frac{\partial}{\partial x}\left(v \frac{\partial \boldsymbol{A}}{\partial x}\right) + \frac{\partial}{\partial y}\left(v \frac{\partial \boldsymbol{A}}{\partial y}\right) = -\boldsymbol{J}_z
\tag{2-46}
$$

式中 $\boldsymbol{J}_z$——电流密度，$\mathrm{A/m^2}$，空载时，$\boldsymbol{J}_z = 0$。

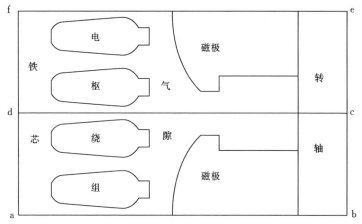

图 2-5 发电机计算区域剖面图

电机中，定子、转子各部分的铁芯轴向长度有一定差别，所以计算各部分铁心磁通密度时最好加以修正，以得到与实际磁感应强度 B 相应的磁阻率 v，本问题的边界条件为

(1) ab、bc 和 ad 这 3 条线为磁力线，设其向量磁位为 0，即

$$\boldsymbol{A}\mid_{ab} = \boldsymbol{A}\mid_{bc} = \boldsymbol{A}\mid_{ad} = 0 \qquad (2-47)$$

这是第一类边界条件。

(2) 由于磁场分布的对称性，在 cd 线上磁感应强度的切向分量为 0，即

$$\left.\frac{\partial \boldsymbol{A}}{\partial n}\right|_{cd} = 0 \qquad (2-48)$$

这是第二类边界条件。

对应的条件变分问题从式（2-46）~式（2-48）可见，本问题是个准泊松方程的混合边值问题，由于第二类边界条件为齐次，所以相应的变分问题为[137]

$$\left.\begin{aligned} I(\boldsymbol{A}) &= \iint_G \left[\int_0^b v(g)g\,\mathrm{d}g\right]\mathrm{d}x\,\mathrm{d}y - \iint_G j_z \boldsymbol{A}\,\mathrm{d}x\,\mathrm{d}y \\ \delta \boldsymbol{A} &= 0, \boldsymbol{A}\mid_{ab} = \boldsymbol{A}\mid_{bc} = \boldsymbol{A}\mid_{ad} = 0 \end{aligned}\right\} \qquad (2-49)$$

2.1.3.2 恒定磁场的定解条件

恒定磁场问题的定解，除了要知道场向量（或磁位）在求解域内所遵守的规律之外，还需要知道求解域边界条件和多种介质的交界面条件。这样，求解恒定磁场问题，实质上是求解场向量（或磁位）的拉普拉斯方程或泊松方程，对于这两个方程应当具备怎样的边界条件才能解唯一，具体如下[17]：

1. 无旋磁场问题的边界条件

对于无旋磁场，标量磁位 Ω 在求解域 V 内满足拉普拉斯方程 $\nabla^2 \Omega = 0$，为使方程在区域 V 内的解唯一，边界条件有 3 种给法。

(1) 在边界面 s 上，给定磁位的边值 Ω_s，此条件称为第一类边界条件，相应的定解问题称为狄里希利问题。

(2) 在边界面 s 上，给定磁位的法向导数 $\left(\frac{\partial \Omega}{\partial n}\right)_s$，此条件称为第二类边界条件，此时 Ω 的各个解间可以相差一个常数，这种唯一性称为相差一个任意常数的唯一性。

(3) 边界面 s 分成 s_1 和 s_2 两部分，s_1 上给定磁位值 Ω_s，s_2 上给定磁位的法导数 $\left(\frac{\partial \Omega}{\partial n}\right)_{s2}$，这种条件称为混合边界条件。

2. 旋度磁场问题的边界条件

对于旋度磁场向量磁位 $\boldsymbol{A}$ 在求解域 V 内满足向量泊松方程，为使 $\boldsymbol{A}$ 的解唯一，且 $\mathrm{div}\boldsymbol{A}$ 处处为零，边界条件也有 3 种给法。

（1）在边界面 s 上，给定 A 的切向分量 A_t，并规定法向分量 $A_n = 0$；即 $(n \times A)_s = A_t$，$(n \times A)_s = 0$，此条件相当于第一类边界条件。

（2）在边界面 s 上，给定磁场强度的切向分量 H_t，并规定 A 的法向分量 $A_n = 0$，即 $(n \times H)_s = H_t$，$(n \times A)_s = 0$，此条件相当于第二类边界条件。

（3）边界面分成 s_1 和 s_2 两部分，s_1 上给定 A_{t1}，s_2 上给定 H_{t2}，整个 s 上规定 $A_n = 0$，即 $(n \times A)_{s1} = A_{t1}$，$(n \times A)_s = 0$，$(n \times H)_{s2} = H_{t2}$，此条件相当于混合边界条件。

2.1.3.3　槽内载流导体磁场的边界值问题和有限元方程

1. 边界值问题和等价的条件变分问题

设槽形为开口槽，槽内上层和下层置有载流导体，假设其电流密度 J_z 均匀分布，槽的对面为光滑的永磁平面，铁芯的磁导率设为 $\mu_{\mathrm{Fe}} = \infty$，气隙和槽内导体的磁导率为 μ_0。由于磁场分布的对称性，所以槽内磁场为旋度场，故以矢量磁位 A_z 作为求解变量，满足泊松方程[138]，即

$$
\left.
\begin{aligned}
& v_0 \left(\frac{\partial^2 A_z}{\partial x^2} + \frac{\partial^2 A_z}{\partial y^2} \right) = -J_z \\
& J_z = J_z(x, y) \\
& \frac{\partial A_z}{\partial n} = 0
\end{aligned}
\right\}
\tag{2-50}
$$

在载流导体内 $J_z = J =$ 常值；在载流导体以外，$J_z = 0$。

2. 有限元方程组的形成和求解

对求解域进行三角元剖分，并确定各节点的坐标、各单元 3 顶点的编号、各单元内的电密 J^e 和磁阻率 v^e 及第一类边界节点的编号和边值等数据；按照单元顺序，依次算出各个单元系数矩阵 k^e 和右端项列向量 f^e 中各元素的值，把所有的单元贡献依次叠加起来，得到总体系数矩阵 K 和左端项列向量 F 中的各个元素。即可得到线性代数方程组[139]为

$$
KA = F
\tag{2-51}
$$

再用第一类边界条件修改 K 和 F，最后得到修改后的方程组为

$$
K'A = F'
\tag{2-52}
$$

求解修改后的方程组，即可得到各个节点处的 A_z 值，并画出域内的磁场分布，同时可算出各个单元和节点处的磁感应强度 B。

2.1.4　耦合场数学模型

多场耦合的实质是多个基本场的场变量、源变量或物性变量相互影响、相互作用。为更好地研究永磁电机多场耦合关系，应从物理场观点出发，将电机耦合场的一般数学模型表示[41]为

$$C(O_A, i_B) = 0 \text{(在 } \Omega_{AB} \text{内)} \tag{2-53}$$

式中 C——微分或代数算子;

   O_A——场 A 的输出变量;

   i_B——场 B 的输入变量;

   Ω_{AB}——耦合场 AB 的定义域。

其中本书涉及的两场耦合基本模型有 3 种。

1. 磁场—温度场耦合

磁场对温度场的作用表现为,电机铁芯因磁通交变引起磁滞和涡流损耗,常称为铁损耗[42]。对于永磁电机,定子或电枢铁芯的齿、轭部均存在铁损[140],即

$$P_{Fe} = K p_{1/50} B^2 \left(\frac{f}{50}\right)^{1.3} G_{Fe} \tag{2-54}$$

式中 P_{Fe}——铁损基本热功率;

   K——铁损耗修正系数;

   $p_{1/50}$——频率 50Hz、磁通密度 1T 时铁芯材料的单位质量损耗热功率;

   B——铁芯磁通密度;

   f——磁通交变频率;

   G_{Fe}——铁芯质量。

温度场对磁场的作用主要表现为温度改变铁磁体的自发磁化强度。温度升高时,自发磁化强度随温度的升高而增大,当温度达到居里点时,自发磁化强度达到极大值,此后自发磁化消失[141]。

2. 温度场—流场耦合

流场对温度场的作用表现为,含有热交换的流动系统满足热力学第一定律[142],即

$$\frac{\partial(\rho \boldsymbol{T})}{\partial t} + \text{div}(\rho \boldsymbol{u} \boldsymbol{T}) = \text{div}\left(\frac{k}{C_p} \text{grad} \boldsymbol{T}\right) + S_T \tag{2-55}$$

式中 $\boldsymbol{T}$——温度;

   ρ——流体密度;

   $\boldsymbol{u}$——流体速度;

   k——流体的传热系数;

   C_p——比热容;

   S_T——黏性耗散。

温度场对流场的作用主要表现为温度变化导致流体的动力黏度发生变化。其关系通常用经验公式表示。例如,水的动力黏度与温度之间的关系常用经验公式[143]为

$$\eta = \frac{\eta_0}{1 + 0.0337T + 0.000221T^2} \qquad (2-56)$$

式中　T——当前温度值；

　　　η——水在当前温度 T 下的动力黏度；

　　η_0——水在 0℃ 以下的动力黏度。

3. 电场—温度场耦合

电场对温度场的作用表现为电流通过电机绕组后产生的热量，式（2-47）常称为铜损耗。该热量的大小与绕组电阻成正比，与绕组电流的平方成正比[144]，即

$$P_{Cu} = I^2 R \qquad (2-57)$$

式中　P_{Cu}——电场对绕组的热功率；

　　　I——绕组电流；

　　　R——绕组电阻。

温度场对电场的作用表现为温度对电阻大小的影响[145]，即

$$R = \rho_0 [1 + \alpha(T - T_0)] \qquad (2-58)$$

式中　R——当前温度下的电阻；

　　　T——当前温度；

　　T_0——初始温度；

　　ρ_0——T_0 温度时的电阻率；

　　α——常数。

由于电生磁，磁生电，电磁相互渗透与融合，又因发电机温升是各种损耗迭代和积累引起，因此，本书将磁场—温度场和电场—温度场的耦合关系整合统称为电磁场—温度场耦合，可减少数值模拟计算环节，提高计算精度。

2.1.5　场协同理论

过增元教授从对流传热的能量方程出发对其物理机制进行了重新审视，并将对流传热过程等效为有内热源的导热过程[19-20]。热源强度不仅跟流体的速度以及物性有关，而且还在很大程度上受流场和温度梯度场的协同性影响。即在速度场、温度梯度分布一定的条件下，两者之间的夹角（场协同角）对对流传热强度有重要影响，夹角越小，传热强度越高。流动当量热源不仅取决于速度场、热流场、夹角的绝对值，还取决于这三个标量值的相互搭配。对流换热中速度场与热流场的配合能使无因次流动当量热源强度提高，从而强化传热，此时称速度场与热流场协同较好。根据速度场和温度梯度场的协同程度，表征对流换热强度的准则数努塞尔数（Nu）存在上限和下限，分别是努塞尔数＝雷诺数－普朗特数 $Nu = Re - Pr$ 和 $Nu = 0$。一般换热结构的换热率均处在此上

下限之间，该理论称为场协同理论。

研究表明，流体与壁面之间的换热率与速度场和温度梯度场（热场）的协同程度有着密切关系。当换热系统中的速度场和温度场达到充分协同时，换热就达到最优，流体流动所需功耗与其换热率的投入产出比就会达到最佳。流体的流动会对传热产生强化换热、无实质贡献和弱化换热三种影响。用场协同理论解释对流传热现象即可。在某一特定流体的流速一定的情况下，边界上的热流大小由流体流动所引起的当量热源强度来决定，即速度矢量与温度梯度矢量点乘的积分值。为增强换热，就需要让流体的速度场与温度场有更好的协同性能，而其协同性主要体现在以下方面：

（1）尽可能地增大速度矢量与温度梯度矢量的夹角余弦值，即让两矢量的夹角尽可能远离 $90°$。

（2）在最大流速和温差一定的条件下，尽可能使流体速度和温度均匀分布。

（3）尽可能使三个标量场中的大值与大值搭配，也就是说，要使三个标量场的大值尽可能同时出现在流场中的某些区域。

以二维平板层流边界层问题为例，其直角坐标系下的能量方程为[21]

$$pc_p\left(u\frac{\partial T}{\partial x}+v\frac{\partial T}{\partial y}\right)=\frac{\partial}{\partial y}\left(k\frac{\partial T}{\partial y}\right) \tag{2-59}$$

式中　p，c_p，k——流体的密度、定压比热容和导热系数；

　　　　T——温度；

　　　u，v——x，y 方向的速度。

式（2-59）左侧代表通过对流传出控制体的热量，右侧代表热边界层贴壁处的导热量。

带有均匀内热源的一维能量守恒方程为[29]

$$-\boldsymbol{\Phi}(x,y)=\frac{\partial}{\partial y}\left(k\frac{\partial T}{\partial y}\right) \tag{2-60}$$

由于场协同理论中把对流传热看作具有内热源的导热问题来研究，此内热源即是式（2-59）中的对流项，是一个流场函数的源项。对式（2-59）积分可得壁面处热流为

$$\int_0^{\delta_t}pc_p\left(u\frac{\partial T}{\partial x}+v\frac{\partial T}{\partial y}\right)\mathrm{d}y=-k\frac{\partial T}{\partial y}\bigg|_w \tag{2-61}$$

式中　p——流体密度；

　　　c_p——定压比热容；

　　　k——热导系数，在温差不太大的情况下可以看作为常数；

　　　$\boldsymbol{\Phi}$——内热源强度；

u，v——x，y 方向的速度；

　T——温度；

　δ_t——边界层厚度。

式（2-61）表明，要提高等式右侧的壁面热流密度，就要提高等式左侧的热源项在边界层内的积分值。该总热源项的积分值高则代表传热性能好，反之则传热性能差。

将式（2-61）中积分符号内的对流项改写成矢量形式则为

$$\int_0^{\delta_t} pc_p(\boldsymbol{U}\boldsymbol{\Delta T})\mathrm{d}y = -k\frac{\partial \boldsymbol{T}}{\partial y}\bigg|_w \qquad (2-62)$$

式（2-62）中 $\boldsymbol{U}$ 为流体的速度矢量，引入以下无因次量，即

$$\overline{U}=U/U_\infty,\nabla\overline{T}=(\delta_t \cdot \nabla\boldsymbol{T})/(T_\infty-T_w),\overline{y}=y/\delta_t,T_\infty>T_w \qquad (2-63)$$

式中　U_∞——来流速度；

　T_∞——温度；

　T_w——壁面温度。

将式（2-63）代入式（2-62），整理后得到无因次表达式为

$$Re_x Pr\int_0^1(\overline{U}\ \nabla\overline{T})\mathrm{d}\overline{y} = Re_x Pr\int_0^1(|\ \overline{U}\ ||\ \nabla\overline{T}\ |\cos\beta)\mathrm{d}y = Nu_x \qquad (2-64)$$

式中　Nu_x，Re_x，Pr——努塞尔数、雷诺数和普朗特数；

　　　　　　β——速度矢量 $\boldsymbol{U}$ 和温度梯度矢量 $\nabla\boldsymbol{T}$ 之间的夹角。

分析式（2-64）可以看出，可以通过提高流体雷诺数、普朗特数来增强流体换热；此外，在速度、温度梯度一定时还可通过改变两者间的夹角 β 来控制流体换热。当 $\beta<90°$ 时，速度矢量与热流矢量的夹角越小越好，当两者夹角为零时达到最大值。

对于永磁风力发电机的传热特性，由场协同理论可知，在流体物性一定时，减小流体矢量场与壁面温度梯度矢量场间的夹角，使得流—固接触面换热性更加强大，即使两场协同匹配性更优异。

2.2　损耗机理

永磁发电机在运行时输出功率的大小主要与发电机本身的效率有关，即输出功率的大小取决于发电机的各种损耗。发电机的各种损耗值越大则效率越低。本节将对永磁发电机的损耗进行较为详细的分析。

2.2.1　定子损耗

1. 定子绕组铜损

当导线通过交流电时，随着电流幅值和频率的增加，导线电流分布越来越

向导线表面集中——集肤效应。当导线彼此距离较近时，各自电流产生的磁场会使邻近导线上的电流不均匀流过导线截面——邻近效应。无论是集肤效应还是邻近效应，都会使导线的有效截面积减小，从而导致导线的等效电阻增加，且导线的电阻会随着频率的增加而显著增加。当发电机带纯阻性的整流负载运行时，电枢电流波形几乎为正弦波，可直接采用传统电机铜耗公式计算；当发电机带感性三相对称负载时，电枢正弦畸变严重，且畸变程度随负载变化，此时需采取傅里叶变换对电枢电流进行谐波分解，分别计算各次谐波电流所产生的铜耗，再叠加得到发电机总的绕组铜耗，其计算数学模型为[146]

$$
\left.
\begin{aligned}
P_{Cu} &= 3 \sum_{k=1}^{N} I_p^2 R_p \\
R_p &= \rho \frac{l}{s} \\
R_p &\propto f, R_p \propto T
\end{aligned}
\right\}
\tag{2-65}
$$

式中　P_{Cu}——总铜损，W；

I_p——第 k 次谐波相电流有效值，A；

R_p——第 k 次谐波相电阻，Ω；

N——谐波次数；

s——导线横截面积，m^2；

f——谐波频率，Hz；

T——温度，K。

2. 定子铁芯损耗

永磁发电机的定子绕组中会有交变电流，交变电流会在铁芯中产生旋转磁场，电机的铁芯损耗就是由这个旋转磁场产生的。绕组中的旋转磁场对永磁体的磁极会产生退磁和充磁的影响，而且对铁芯也有损耗，但铁芯损耗并不大，在计算时可不考虑。永磁发电机的铁损耗包括在铁芯中的磁滞损耗和涡流损耗等。

2.2.2 磁滞损耗

由铁芯硅钢片内的交变电流所产生的旋转磁场引起的损耗称为磁滞损耗，是铁芯在交变磁化下，内部磁畴不断改变排列方向和发生畴壁位移而造成的能量损耗。单位重量的硅钢片中产生的磁滞损耗称为磁滞损耗系数。交变磁场的变化频率 f 和磁通密度决定磁滞损耗的大小。

磁滞损耗计算公式为[147]

$$
P_h = \sigma_h f B^a
\tag{2-66}
$$

式中　σ_h——定子铁芯的材料系数。

本研究系统 α 取 1.6～2.2。

当定子铁芯磁通密度 $1.0T \leqslant B \leqslant 1.6T$ 时，磁滞损耗系数可以描述为

$$P_h = \sigma_h f B^2 \tag{2-67}$$

式中 P_h——磁滞损耗；

σ_h——材料系数，见表 2-1；

f——交变磁场的变化频率，Hz；

B——铁芯磁通密度，T。

表 2-1   系 数 σ_h、σ_e 值

硅钢片含量	硅钢片厚度/mm	$\sigma_h(1/H_2T^2)$	$\sigma_e(1/H_2^2T^2)$	$P_{10/50}/(W/kg)$
低含硅量	0.5	0.045	0.00022	2.8
中含硅量	0.5	0.036	0.00016	2.2
高含硅量	0.5	0.029	0.00022	2.0

注 σ_e 为实际与测试修正系数。

定子轭硅钢片铁芯的磁滞损耗系数和磁滞损耗如下：

定子轭硅钢片铁芯的磁滞损耗系数为

$$P_{hj} = \sigma_h f B_j^2 \tag{2-68}$$

式中 B_j——定子轭磁通密度，T。

定子轭硅钢片铁芯的磁滞损耗为

$$P_{Fehj} = P_{hj} G_j P_{10/50} \tag{2-69}$$

式中 G_j——定子轭硅钢片铁芯重量，kg；

$P_{10/50}$——当 $B_j = 1T$，$f = 50Hz$ 时硅钢片单位重量的损耗，W/kg。计算时应查硅钢片的铁损表。

则定子齿硅钢片铁芯的磁滞系数 P_{Feh} 为[29]

$$\begin{aligned} P_{Feh} &= p_{Fehj} + P_{Feht} \\ &= p_{hj} G_j P_{10/50} + p_{ht} G_t P_{10/50} \\ &= \sigma_h f B_j G_j P_{10/50} + \sigma_h f B_t G_t P_{10/50} \end{aligned} \tag{2-70}$$

基于损耗的物理意义及考虑硅钢片集肤效应，铁芯损耗计算数学模型为[148]

$$P_{Fe} = P_h + P_e + P_{ec} = k_h f B_m^n + k_e (f B_m)^{1.5} + k_{ec} f^{1.5} B_m^2 2 K_{Fe} f \tag{2-71}$$

式中 P_{Fe}、P_h、P_e、P_{ec}——硅钢片单位质量铁耗、磁滞损耗、附加损耗及涡流损耗，W/kg；

k_h、k_e、k_{ec}——磁滞损耗系数、附加损耗系数、涡流损耗系数，取决于硅钢片材料的物化特性；

B_m——磁通密度幅值，T；

f——交变磁场频率，Hz。

由于本书考虑涡流损耗在谐载荷下的响应，所以 $K_{Fe}(f)$ 为涡流损耗随叠片涡流频率 f 非均匀变化系数，其经验拟合公式为

$$K_{Fe}(f)=\frac{\sinh(k\sqrt{f})-\sin(k\sqrt{f})}{\cosh(k\sqrt{f})-\cos(k\sqrt{f})} \tag{2-72}$$

2.2.3 涡流损耗

永磁发电机定子铁芯硅钢片内磁场随着运行电流的变化与转子磁势的旋转而变换，形成的交变磁通在铁芯导体中产生感应电流和焦耳热效应，形成功率损耗，即涡流损耗。该损耗是铁损的一部分，也是易变化部分，因为磁通交变越严重，磁通密度幅值越大，所占比例越大。定子和转子铁芯通常用薄硅钢片叠加起来并且片与片之间有绝缘，不采用整块铁芯的目的，就是将涡流控制在每个硅钢片内从而减小铁芯的涡流损耗。

在不考虑涡流磁场的影响下，涡流损耗系数为

$$p_e=\sigma_e(fB)^2 \tag{2-73}$$

式中　p_e——涡流损耗系数；

　　　σ_e——常系数，查表 2-1；

　　　f——交变磁场频率，Hz；

　　　B——铁芯内磁通密度，T。

1. 定子轭铁芯的涡流损耗

$$P_{Feej}=p_{ej}G_jP_{10/50} \tag{2-74}$$

式中　G_j——定子轭铁芯重量，kg；

　　$P_{10/50}$——当 $f=50Hz$，$B=1.0T$ 时单位重量的硅钢片的铁损值，W/kg；

　　　p_{ej}——定子轭铁芯涡流损耗系数，由下式计算

$$p_{ej}=\sigma_e(fB_j)^2 \tag{2-75}$$

式中　B_j——定子轭磁密，T。

2. 定子齿铁芯的涡流损耗

$$P_{Feet}=p_{et}G_tP_{10/50} \tag{2-76}$$

式中　G_t——定子齿铁芯重量，kg；

　　$P_{10/50}$——当 $f=50Hz$、$B=1.0T$ 时单位重量的硅钢片的铁损值，W/kg；

　　　p_{et}——定子齿铁芯涡流损耗，由下式计算

$$p_{et}=\sigma_e(fB_t)^2 \tag{2-77}$$

3. 定子硅钢片的涡流损耗

$$P_{Fee}=P_{Feej}+P_{Feet}=\sigma_ef^2P_{10/50}(B_j^2G_j+B_t^2G_t) \tag{2-78}$$

4. 槽内导体的涡流损耗

假设电机在不同工况下运行时槽内的磁场分布都平行于槽底，并忽略导体自身涡流对槽内永磁体形成磁场的影响，则其槽内导体产生的涡流损耗为[118]

$$P_{\text{eddy3}} = \frac{\pi \omega^2 B^2 l d^4}{128 \rho_c} \tag{2-79}$$

式中　d——导体的直径，m；

　　　l——导体的长度，m；

　　　ρ_c——导体的电阻率，$\Omega \cdot$ m；

　　　B——磁通密度幅值，T。

本书所研究的斜肩圆底槽、梨形槽和扇形槽如图 2-6 所示。假设对应导体均匀分布在槽中，铁芯的磁导率 $\mu_{\text{Fe}} \to \infty$，且不计导体自身涡流磁场的影响，则由安培环路定理可得高度 h 处的磁通密度为

$$B = \frac{NIy\mu_0}{bh} \tag{2-80}$$

式中　N——槽内导体数；

　　　b——槽底宽，m；

　　　h——槽深，m；

　　　μ_0——空气的磁导率，H/m。

将式（2-80）代入式（2-79）可得

$$P_{\text{eddy3}} = \frac{\pi l y^2 I^2 N^2 \omega^2 \mu_0^2 d^4}{128 \rho_c b^2 h^2} \tag{2-81}$$

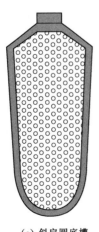

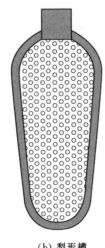

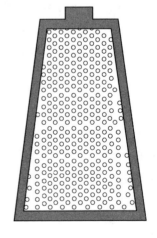

（a）斜肩圆底槽　　　　　（b）梨形槽　　　　　（c）扇形槽

图 2-6　槽内导体涡流损耗模型

由式（2-80）和式（2-81）可得，本书主要考虑的铁芯涡流损耗为

$$P_{ec} = k_{ec} f^{1.5} B_m^2 \frac{\sinh(k\sqrt{f}) - \sin(k\sqrt{f})}{\cosh(k\sqrt{f}) - \cos(k\sqrt{f})} \tag{2-82}$$

由式（2-81）可知，槽内导体的涡流损耗不仅与导体的电阻率、长度、直径有关，还与导体所处的位置及槽的几何参数有关。实际上，若考虑导体自身磁场形成的涡流影响，则其涡流损耗更加复杂，用解析法准确计算具有难度。因此本书采取有限元法及耦合方式对永磁风力发电机的沟槽涡流损耗进行有效分析。采用 2D 有限元法计算，此时电流密度和矢量磁位只有 z 轴方向有效，将垂直于电机轴的平行平面场域 Ω 上的电磁场问题表示成边值问题，A 为矢量磁位，Wb/m，只有 z 轴分量；Γ_1 为第一类边界；Γ_2 为第二类边界[149]，则有

$$\left. \begin{aligned} \Omega : & \frac{\partial}{\partial x}\left(\frac{1}{\mu} \cdot \frac{\partial \boldsymbol{A}}{\partial x}\right) + \frac{\partial}{\partial y}\left(\frac{1}{\mu} \cdot \frac{\partial \boldsymbol{A}}{\partial y}\right) = \sigma\frac{\partial A}{\partial t} - J_z \\ \Gamma_1 : & \boldsymbol{A} = \boldsymbol{A}z \\ \Gamma_2 : & \frac{1}{\mu} \cdot \frac{\partial \boldsymbol{A}}{\partial n} = -H_t \end{aligned} \right\} \tag{2-83}$$

将电磁功率表达式按变分原理离散为代数方程组，且计算区域 Ω 剖分为有限多个小单元，求解每个单元的矢量磁位 $\boldsymbol{A}$，从而得到每个单元的电流密度 J 为

$$\boldsymbol{J} = \boldsymbol{J}_z - \sigma\frac{\partial \boldsymbol{A}}{\partial t} \tag{2-84}$$

槽内导体总的涡流损耗可通过每个单元的电流密度求得

$$P_{ac} = \frac{l}{\sigma}\sum_{i=1}^{N_c}(\boldsymbol{J}\boldsymbol{J}^*)\Delta_i \tag{2-85}$$

式中　N_c——导体所有单元的个数；

$\quad\quad \Delta_i$——单元的面积，m^2；

$\quad\quad l$——导体的长度，m。

5. 转子涡流损耗

转子涡流损耗主要集中在永磁体表面，随着温升的增大，损耗出现不均匀分布且失去规律性。当发电机带纯阻性的整流负载运行时，电磁场随时间正弦变化，则导体中位移电流密度的幅值与传导电流密度幅值之比应为[150]

$$\frac{J_D}{J} = \frac{\omega D}{\sigma E} = \frac{\varepsilon}{\sigma}2\pi f \tag{2-86}$$

若 $\frac{\varepsilon}{\sigma}2\pi f \ll 1$，则位移电流密度将比传导电流密度小很多，从而可以忽略不计。由于风力发电机内导电区中电磁场属于低频场，因此涡流方程或集肤效

应方程为

$$
\left.
\begin{aligned}
B' &= \mu\sigma\frac{\partial B}{\partial t} \\
J' &= \mu\sigma\frac{\partial J}{\partial t}
\end{aligned}
\right\}
\tag{2-87}
$$

当考虑谐波透入深度影响时，涡流损耗功率为

$$
P = \sum_{k=1}^{n}\frac{\sigma L_m L_i \tau_n^3 B_n^2 \omega_{en}^2}{8}\left(\frac{\delta_n}{3\tau_n}\frac{\sinh\dfrac{\delta_n}{\tau_n}-\sin\dfrac{\delta_n}{\tau_n}}{\cosh\dfrac{\delta_n}{\tau_n}-\cos\dfrac{\delta_n}{\tau_n}}\right)
\tag{2-88}
$$

式中　n——谐波次数，$n=6k\pm1$，$k=1,2,3,\cdots$；

　　　B_n——n 次谐波磁通密度幅值；

　　　ω_{en}——转子表面涡流成分的角频率；

　　　σ——电导率；

δ_n，τ_n——谐波成分对应的透入深度和极距。

其中对于不同谐波频率永磁材料的透入深度为[151]

$$
\delta = \frac{1}{\sqrt{\pi f \mu\sigma}}
\tag{2-89}
$$

涡流区可不计源电流而只有涡流密度，此时场方程可表示为

$$
\frac{\partial}{\partial x}\left(\frac{1}{\mu}\cdot\frac{\partial \boldsymbol{A}}{\partial x}\right)+\frac{\partial}{\partial y}\left(\frac{1}{\mu}\cdot\frac{\partial \boldsymbol{A}}{\partial y}\right)=-\boldsymbol{J}_{zc}
\tag{2-90}
$$

式中　$\boldsymbol{J}_{zc}$——涡流密度，A/m^2。

2.2.4　机械损耗

永磁发电机的轴承损耗、冷却通风损耗和风摩耗统称为机械损耗。轴承使用的润滑剂不同导致在不同工况下的摩擦系数有较大不同。对于功率小自扇风冷的永磁发电机，习惯做法是将轴承摩擦损耗和通风冷却损耗一起计算。因此，计算出机械损耗的精确值是很困难的[152]。

自扇风冷的永磁发电机的轴承摩擦损耗和自扇风冷损耗合并计算，P_{fw} 的计算公式

$$
P_{fw}=8\times2p\left(\frac{v}{40}\right)^3\sqrt{\frac{L_t}{19}\times10^3}
\tag{2-91}
$$

式中　v——永磁发电机转子的圆周速度，m/s；

　　　L_t——定子实际长度，m；

　　　$2p$——永磁发电机极数。

永磁发电机自扇风冷的机械损耗 P_w 的另一种简化方式为

$$P_\mathrm{w} = 1.75q_\mathrm{v}v^2 \qquad\qquad (2-92)$$

式中　q_v——通过电机冷却的空气流量，$\mathrm{m^3/s}$；

　　　v——自扇风冷风扇外圆的圆周速度，$\mathrm{m/s}$。

2.3　数值模拟计算方法

2.3.1　有限元法

1. 有限单元法

基于变分原理和加权余量的有限单元法因其计算原理易懂而受到广大数值模拟研究者青睐。其根本分析思路为拆解求解区域为相接且不重叠的微小单元，使物理过程中各方程求解信息通过各单元的棱边节点传递，进而以加权余量法离散各待解方程。权函数的差异，导致了有限元计算过程中迭代速率和收敛性的区别[153-154]。

其具体计算流程如图 2 - 7 所示。

2. 有限体积法

有限体积法是基于流体力学的一种常用的数值模拟方法，可应用于流—热耦合计算中，使计算结果精确度更高，且较易实现。有限体积法来源于有限积分技术，针对对象为各网格划分处的单元体，进而将预求解物理量在有限体积上进行守恒表述，最终构建离散求解方程进行求解计算[155]。其具体计算流程如图 2 - 8 所示。

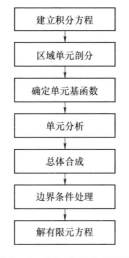

图 2-7　有限单元法流程图

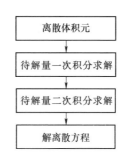

图 2-8　有限体积法计算流程图

3. 有限公式法

有限公式法是一种采用基于有限积分技术的数值模拟分析方法。该方法的离散基础在于物理量与时空结构的确定，通过分析求解问题的形态变量、源变量与能量变量，基于网格拓扑结构，对原时空网格对应于映射网格中，因此较传统的有限单元法及时域差分法具有更高的求解精度及求解效率。由于发电机多场双向耦合问题存在求解难度大、迭代计算过程不易收敛及对非结构网格适应性较差等问题，故采用有限公式法进行求解分析[156]。其具体计算流程如图 2-9 所示。

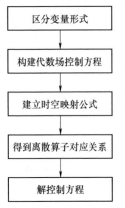

图 2-9　有限公式法计算流程图

2.3.2　场路耦合法

多场强耦合行为不仅削弱了电磁场特性，使得磁场出现多次谐波，涡流损耗增大，并且间接影响了流场及温度场，而进入恶性循环状态。进一步加剧的发电机内部多场耦合，不仅使得各场场型更复杂、矢量特性凸显，且影响整机运行特性，致使整机非额定工作，限制风电机组工程寿命；尤其是交变电磁场的畸变，导致输出电能的量与质皆下降，削弱㶲效率，且危害用电安全，最终导致经济性降低[157]。

2.4　热功转化原理

流动空气所具有的动能在通过风力机转化为其他形式的能量时，有一个转化率的问题。最理想的转化率 C_p（风能利用系数）与风能的乘积即为理论可用风能。因此，理论上一年内的可用风能 E 可用风能密度—时间曲线与时间坐标之间的面积乘以 C_p 来表示，即[158]

$$E = \int_0^T C_p \omega \, dt \qquad (2-93)$$

式中　E——年可用风能，$kW \cdot h/m^2$。

风能的利用就是将流动空气拥有的动能转化为其他形式的能量，因此，计算风能的大小也就是计算流动空气所具有的动能。密度为 ρ、速度为 v、在时间 t 内垂直流过截面 A 的空气具有的风能为

$$E = \frac{1}{2}mv^2 = \frac{1}{2}\rho A v^3 t \qquad (2-94)$$

而单位时间内垂直流过截面 A 的空气拥有的做功能力称为风能功率，即

$$W = \frac{1}{2}\rho A v^3 t \qquad (2-95)$$

从式（2-95）可见，风能功率 W 的大小与风速 v 的立方成正比，也与流动空气的密度和它垂直流过的面积成正比。

经风轮利用后的风能转化为转轴的机械能，再由发电机磁场转化为电能输出。从热力学的角度看，风力发电系统能量利用转化过程实际为热功转换过程与传热过程，从经典热力学角度分析风电系统，其热功转换过程必然是一个不可逆过程，其中必然存在熵产、㶲损。因此有必要理解经典热力学表征系统产能效率的相关参数。

1. 系统熵特性

熵是状态参数，是表征系统混乱程度的物理量。风能作用于风轮使其旋转，过程中伴随着机械能耗散，以 W_t 表示。耗散功转化为热量，称为耗散热，以 Q_g 表示。将风电系统视作孤立系统，其内部耗散功转化为热时有 $Q_g = W_t$，它由孤立系统内物体吸收，引起物体的熵增大，即为熵产 S_g[159]。可逆过程无耗散热，故熵产为零。设吸热时物体温度为 T，则 $\mathrm{d}S = \dfrac{\delta Q_g}{T} = \dfrac{\delta W_t}{T} = \delta S_g > 0$，这是孤立系统内部存在耗散损失而产生的唯一后果。因而，孤立系统的熵增等于不可逆损失造成的熵产，且不可逆时恒大于零，即

$$\Delta S_{iso} = S_g > 0 \text{ 或 } \mathrm{d}S_{iso} = \delta S_g > 0$$

可见，孤立系统内只要有机械功不可逆地转化为热能，系统的熵必定增大。实际上，根据熵方程可以直接得出热力系统事例的共同结论。任何一个热力系，总可以将它与其发生质、能相互作用的一切物体组成一个复合系统（图 2-10），该复合系统即为孤立系统。根据熵的可加性，该孤立系统总熵变等于各子系统熵变的代数和。孤立系统当然是闭口绝热系，从 $\mathrm{d}S_{ad} = \delta S_g \geqslant 0$ 可得熵增为

$$\mathrm{d}S_{iso} = \delta S_g \geqslant 0, \Delta S_{iso} = S_g \geqslant 0 \tag{2-96}$$

式（2-96）表明，孤立系统内部发生不可逆变化时孤立系的熵增大，$\mathrm{d}S_{iso} > 0$；极限情况（发生可逆变化）熵保持不变，$\mathrm{d}S_{iso} = 0$；使孤立系统熵减小的过程不可能出现。简言之，孤立系统的熵可以增大，或保持不变，但不可能减少，即孤立系统熵增原理，简称熵增原理[160]。

进一步考虑上述使孤立系统熵增大的不可逆过程对孤立系统内能量变化的影响。在单纯的传

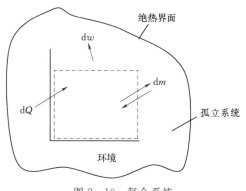

图 2-10 复合系统

热过程中，若在高温物体 A 和低温物体 B 之间运行一台热机，就可以从高温物体向低温物体传输热量的同时使一部分热量转化为机械功输出，虽然热量从高温物体传向低温物体时，热能的数值并没有改变，但失去了可以得到的机械能。根据卡诺定理，利用不可逆循环把热量转变成机械功的过程中所得到的循环净功比从高温物体吸收同样数量热量的可逆热机循环输出的净功小，所以不可逆即意味孤立系统机械能的损失[161]。

通常，发生在两个温度为 T_1、T_2 的恒温热源间的热机可实现热能转化为功，这时系统熵变包括热源、冷源的熵变和循环热机中工质的熵变，即

$$\Delta S_{iso} = \Delta S_{T_1} + \Delta S + \Delta S_{T_2} \qquad (2-97)$$

热源放热，熵变 $\Delta S_{T_1} = \dfrac{-Q_1}{T_1}$；冷源吸热，熵变 $\Delta S_{T_2} = \dfrac{Q_2}{T_2}$（$Q_1$、$Q_2$ 均为绝对值）。工质在热机中完成一个循环，$\Delta S = \oint dS = 0$。将以上关系代入式（2-97），得

$$\Delta S_{iso} = -\frac{Q_1}{T_1} + 0 + \frac{Q_2}{T_2} = \frac{Q_2}{T_2} - \frac{Q_1}{T_1} \qquad (2-98)$$

热机进行可逆循环时，$\dfrac{Q_1}{T_1} = \dfrac{Q_2}{T_2}$，所以 $\Delta S_{iso} = 0$；进行不可逆循环时，因热效率低于卡诺循环，$1 - \dfrac{Q_2}{Q_1} < 1 - \dfrac{T_2}{T_1}$，故 $\dfrac{Q_1}{T_1} < \dfrac{Q_2}{T_2}$，所以 $\Delta S_{iso} > 0$。说明热机热源和冷源组成的复合系统中进行可逆变化，总熵不变；进行不可逆变化，则系统总熵必增大。

发电机功—热转化过程可将其视作发生于孤立系统中的传热过程[162]。电机运行中产生的损耗几乎全部以热量散失，故将其损耗功率视为传热过程的内热源，温度为 T_A 的电机与温度为 T_B 的环境组成孤立系统，在微元传热过程中孤立系统的熵变为

$$dS_{iso} = dS_A + dS_B \qquad (2-99)$$

过程中电机 A 放热，故熵变为 $dS_A = -\dfrac{\delta Q}{T_A}$，环境 B 吸热，故熵变为 $dS_B = \dfrac{\delta Q}{T_B}$，得

$$dS_{iso} = -\frac{\delta Q}{T_A} + \frac{\delta Q}{T_B} \qquad (2-100)$$

若为有限温差传热，$T_A > T_B$，有 $\dfrac{\delta Q}{T_A} > \dfrac{\delta Q}{T_B}$，$dS_{iso} > 0$；若为无限小温差传热，$T_A = T_B$，$\dfrac{\delta Q}{T_A} = \dfrac{\delta Q}{T_B}$，$dS_{iso} = 0$。可见，不可逆的有限温差传热，孤立系统

总熵变 $dS_{iso} > 0$；可逆同温传热，$dS_{iso} = 0$。

熵增原理指出，凡是使孤立系统总熵减小的过程都是不可能发生的，理想可逆情况也只能实现总熵不变，实际过程都不可逆，所以实际热力过程总是朝着使孤立系统总熵增大的方向进行，即 $dS_{iso} > 0$。熵增原理阐明了过程进行的方向。

熵增原理给出了系统达到平衡状态的判据。孤立系统内部存在不平衡势差是过程自发进行的推动力。随着过程进行，孤立系统内部由不平衡向平衡发展，总熵增大。当孤立系统总熵达到最大值时，过程停止进行，系统达到相应的平衡状态，这时 $ds = 0$，即为平衡判据。因此，熵增原理指出了热过程进行的限度。

熵增原理还指出，如果某一过程的进行，会导致孤立系统中各物体的熵同时减小，或者虽然各有增减但其总和使系统的熵减小，则这种过程不能单独进行，除非有熵增大的过程作为补偿，使孤立系统总熵增大，或至少保持不变。从而，熵增原理揭示了热过程进行的条件。例如，热转功，或热量由低温传向高温，这类过程会使孤立系统总熵减小，所以不能单独进行，必须有能导致熵增大的过程作为补偿；而功转热，或热量由高温传向低温，这类过程本来就导致孤立系统总熵增大，故不需要补偿，能单独进行，并且还可以用作补偿过程。非自发过程必须有自发过程相伴而行，原因就在于此。

孤立系统熵增原理全面地、透彻地揭示了热过程进行的方向、限度和条件，这些正是热力学第二定律的实质。由于热力学第二定律的各种说法都可以归结为熵增原理，又总能将任何系统与相关外界一起归入一个孤立系统，所以可以认为 $dS_{iso} \geqslant 0$ 是热力学第二定律数学表达式中的最基本形式。

最后应强调指出，熵增原理只适用于孤立系统，可以推广到闭口绝热系统。至于非孤立系统，或孤立系统中某个子系统，它们在过程中可以吸热也可以放热，质量也可以变化，所以它们的熵可能增大，可能不变，也可能减小。

归纳起来，孤立系统内的一切不可逆过程并不改变系统的总能量，但任何不可逆过程都将造成机械功（能）的耗散，使孤立系统的熵增大。因此，孤立系统的熵增与机械能的损失有必然的联系，这是一切不可逆过程的共性[163-166]。

2. 系统㶲特性

热力学中定义：在环境条件下，能量中可转化为有用功的最高份额称为该能量的㶲。或者，热力系统只与环境相互作用，从任意状态可逆地变化到与环境相平衡的状态时，做出的最大有用功称为该热力系统的㶲。

热力系统中的工质或物质流因其具有能量也具备做功能力。与环境处于热力不平衡的闭口系统，当它与环境发生作用、可逆地变化到与环境平衡时，可做出的最大有用功，称为闭口系统工质的热力学能㶲；与环境处于热力不平衡的流动工质，通过稳流热力系统在只与环境发生作用的条件下，可逆地变化到与环境平衡时做出的最大有用功则为稳流工质的㶲。

此外，热力系统与环境间存在化学势、浓度、电磁场等其他力场不平衡时，系统也都具有做功能力。这里所称的环境指一种抽象的环境，它具有稳定的压力、温度及确定的化学组成，任何热力系统与其交换热量、功量和物质，它都不会改变。

风电系统能量流动实质上是各种能量相互转化的过程。各种形态的能量相互转换时，具有明显的方向性，如机械能、电能等可全部转化为热能，理论上转换效率接近 100％。这类可无限转换的能量为㶲（exergy），机械能全部为㶲。因而，习惯上将"有用功"作为"无限可转换能量"的同义词。但是，反方向热能转换为机械能、电能等，却不可能全部转换，转换能力受到热力学第二定律的制约。因此，从技术使用和经济价值角度，前者质量更高，更为宝贵[167]。

2.5　储能相关理论

2.5.1　储能类型

储能技术就是将电能、热能等能源通过某种装置转换成其他便于储存的能量，高效、可靠地存储起来，在需要时，可将所存储的能量方便地转换成所需形式能量的一种技术。储能的形式可分为四类，即物理储能（抽水蓄能、压缩空气储能、飞轮储能等）、电化学储能（如铅酸电池、钠硫电池、液流电池、镍镉电池、镍氢电池、锂离子电池和可再生燃料电池等）、电磁储能（超导电磁储能、超级电容器和高能密度电容储能等）和相变储能（冰蓄冷储能等）[168]。以下介绍几种典型的储能形式。

1. 蓄电池储能

蓄电池是如今微电网中众多储能方式中使用最广泛、技术最成熟的一种，容量也比较大。蓄电池储能可以很好地满足电网系统在负荷高峰时所需的电量电能要求，也可以利用蓄电池将其与无功补偿装置配合工作，从而有效抑制电压波动等情况。但是传统蓄电池也存在以下问题：充电电压不能过高，需要充电设备具有稳压功能；充电电流不能过大，要求充放电装置具有限流和稳流的功能；一般蓄电池充放电装置的电路设计也相对复杂；由于其充电时间长，充放电次数仅数百次，因此限制了蓄电池的使用寿命，导致维修费用较高；过度充电或者短路时容易引起爆炸，所以不如其他储能方式安全；由于在蓄电池中使用了铅等有害金属，所以当蓄电池报废后其还会对环境造成一定的污染[169]。

目前，根据蓄电池使用化学物质的不同，可以将蓄电池储能主要分为以下形式：

（1）铅酸蓄电池。铅酸蓄电池具有性价比高，原材料丰富，生产制造技术成熟，能够实现大规模生产等优点；缺点是体积较大，且容易受外界环境温度影响，寿命较短，易对环境造成污染[170]。但当前在微电网中可以做到商业化运用的众多电池中，铅酸蓄电池仍占据最大的比例。

（2）锂离子电池。锂离子电池是在 1992 年由日本索尼公司首先推出的，是近些年新兴的新型高能量可二次使用电池。它的体积小，工作电压较高，能量密度较大（300～400kW·h/m³），充放电循环寿命长，转化率高，对环境无污染。但由于它特别的包装和内部过充电保护电路使得锂离子电池生产成本较高，想要大规模生产锂离子电池存在一定的难度[171,172]。

（3）其他电池。伴随储能技术产业的迅猛发展，近些年来钒液流电池和钠硫电池的研究获得巨大的发展。由于这两种电池具有能量效率高，循环使用寿命长，不存在自放电现象等特点，已经在国外的一些微网研究中得到广泛使用。但是，由于成本较高，在微电网中的大规模运用还需要一定时间[173]。

2. 超导储能

超导储能的基本工作原理是通过超导体制成的线圈，以磁场能的形式把电能存储起来，这些能量在需要的时候再直接供给负荷或者送回到电网系统。

与其他储能方式相比，超导储能系统因为能够长期没有损耗地循环存储能量，并且能够快速地释放能量，一般情况只花费几秒钟的时间，所以在电网中能够较为容易地实现调节电网中的电压、频率以及有功功率和无功功率。但是由于超导体价格昂贵，会使得一次性投资太大。高温超导和电力电子技术的迅猛发展有力地促进了超导储能在电力系统中的应用。超导储能在 20 世纪末就已经应用于新能源发电系统中。利用超导储能系统还可增加光伏系统的运行稳定性，提高吸收和释放有功功率和无功功率的速率[174]。

3. 飞轮储能

飞轮储能是利用机械能存储能量。在 20 世纪中期已提出可以将能量存储在旋转的飞轮中，随着现代电力电子技术以及高强度碳纤维等技术的突破性进展，直到 80 年代，飞轮储能才得以真正地被应用。它的工作原理是通过把电能转化为飞轮的动能来储存能量。当储能时，电动机带动飞轮运转，旋转的飞轮将电能转为机械能的形式储存起来；当给外部供应能量时，此时飞轮带动发电机运转，从而把动能转为电能。通过一定的电力电子装置控制系统可以对输出的电能进行电压、频率的调节，从而满足负载侧的要求。

它的应用优势有建设周期较短、使用寿命较长、使用效率高、储存能量高等，并且充电速度快，可以无限次充放电，不污染环境。但是相比其他储能方式，维护飞轮储能系统的费用太高。飞轮储能在微电网中的应用国内外已经做了许多研究。例如利用飞轮储能模型平衡微电网稳定性，将其与静止无功补偿器配合工作，而且在减小风电引发的电能质量问题方面也并取得了良好的效果[175]。

4. 超级电容器储能

超级电容器与普通电容器相比，除了具有传统电容器释放能量快的特点，它的介电常数更高，存储容量大，耐压高。所以在储能领域中超级电容器储能逐渐发展起来。按照储能原理的不同，通常将其分为电化学电容器和双电层电容器两类。

超级电容器储能与其他储能方式相比有诸多的优势。例如与蓄电池相比，它的充放电循环寿命更长、充放电效率更高、充放电速率更快、功率密度更大、高低温性能更好。与超导储能或飞轮储能相比，因为它的充放电过程中不存在机械运动部件，所以维护工作较少，相应地可靠性也就更高。这些特点使得超级电容器储能在微电网的应用中有其独特的优势。目前，超级电容器已经较多地应用于诸如边防哨所、高山气象台等的电源供应场所。但超级电容器也有其缺点，主要有端电压波动范围较大、能量密度低、电容串联均压等问题[176-177]。

5. 全钒液流电池

钒电池，全称为全钒液流电池，是一种活性物质呈循环流动液态的氧化还原电池。早在 20 世纪 60 年代，就有铁—铬体系的氧化还原电池问世，但是钒系的氧化还原电池是在 1985 年由澳大利亚新南威尔士大学的 Marria Kacos 提出的。经过 20 多年的研发，钒电池技术已经趋近成熟。在日本，用于电站调峰和风力储能的固定型（相对于电动车用而言）钒电池发展迅速，大功率的钒电池储能系统已投入使用，并全力推进其商业化进程。但全钒液流电池的缺点是能量密度低，所以占地面积大[178]。

2.5.2　铅酸蓄电池原理

铅酸蓄电池的工作原理相对简单，包括正负两极和电解质，正极活性物采用二氧化铅（PbO_2），负极活性物采用铅（Pb），电解质采用硫酸（H_2SO_4）。典型的电池结构如图 2-11 所示。铅酸蓄电池放电时，在蓄电池的电位差作用下，负极板上的电子经负载进入正极板形成电流。电解液中存在的硫酸根离子和氢离子在电力场的作用下分别移向电池的正负极，在电池内部形成电流，整个导电回路形成，蓄电池向外持续放电。充电是放电的反向过程。充电使正、负极板在放电时消耗了的活性物质还原，并把外接电源的正极电流从蓄电池的正极板流入，经电解液和负极板流回外接电源负极[179]。

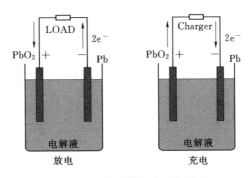

图 2-11　铅酸蓄电池工作原理

蓄电池充放电时的化学反应如下

放电电极反应式：$PbO_2 + HSO_4^- + 3H^+ + 2e^- \longrightarrow PbSO_4 + 2H_2O$　(2-101)

$$Pb + HSO_4^- - 2e^- \longrightarrow PbSO_4 + H^+ \qquad (2-102)$$

充电电极反应式：$PbSO_4 + 2H_2O - 2e^- \longrightarrow PbO_2 + HSO_4^- + 3H^+$　(2-103)

$$PbSO_4 + H^+ + 2e^- \longrightarrow Pb + HSO_4^- \qquad (2-104)$$

2.5.3　蓄电池状态计算公式

荷电状态（State-of-charge，SOC）用来反映蓄电池剩余电量，数值上定义为蓄电池剩余电量与最大容量的比值，其表达式为

$$SOC = (C_t - Q_e)/C_t \qquad (2-105)$$

式中　C_t——蓄电池最大容量；

Q_e——蓄电池所放电量。

放电深度（Depth-of-discharge，DOD）是指蓄电池所放电量与其输出最大容量的比值，其表达式为

$$DOD = Q_e/C_t \qquad (2-106)$$

$$DOD = 1 - SOC \qquad (2-107)$$

2.6　多目标评价与优化法

在电力、交通运输、商业、国防、建筑、通信等各领域的实际工作中，常会遇到求函数的极值或最大值、最小值问题，此类问题即为最优化问题，求解最优化问题的数学方法称为最优化方法。该方法多用于解决最优生产计划、最佳设计、最优评价、最优管理、最优决策等求函数最大值、最小值的问题。在日常的众多最优化问题中，会遇到评价最优结果的目标函数是多个的问题，此类问题可称为多目标评价问题[180]。

2.6.1　多目标评价理论

多目标评价问题是指评价目标函数是两个或两个以上的评价问题。其数学模型分为目标函数和约束条件。

目标函数为

$$\max f_i(x_1,x_2,\cdots,x_n) \text{ 或 } \min f_i(x_1,x_2,\cdots,x_n), i=1,2,\cdots,s$$

$$(2-108)$$

约束条件为

$$g_i(x_1,x_2,\cdots,x_n)=0, i=1,2,\cdots,m \qquad (2-109)$$

求解上述数学模型可得到多目标评价问题的解，但其存在性较为复杂，由多目标评价问题的目标函数数量和目标函数之间的复杂关联性决定。由于各目标函数一般情况下不可能同时达到最大值或最小值，而实际问题中需要做出抉择以求得较为理想的解即最优解。因此，最优解被定义为多目标评价问题中满足约束条件且使全部目标函数达到要求的最大值或最小值点。此外，可行解被定义为满足多目标评价问题全部约束条件的点；条件最优解不仅是满足约束条件而且满足设定条件的可行解。

对于多目标评价问题，即使存在最优解但求解也十分困难，特殊情况下只好采用搜索法求解，而更困难的是一般情况下最优解不存在，因此寻求求解条件最优解的方法非常关键。为求得符合要求的解，通常设定一些新条件以获得条件最优解，故多目标评价问题求解的基本手段是设定新条件。设定新条件的常用方法有单目标化解法、多重目标函数法和目标关联函数法[181]。

将具有多个目标函数的多目标评价问题简化为仅有一个目标函数的单目标评价问题，然后求解的方法称为单目标化解法。该方法可以较好地反映原多目标问题的性质，故常在实践中被应用。

如果多目标评价问题的最优解不存在，而需利用单目标化解法寻求条件最优解，构造目标函数至关重要。为使新目标函数体现原多个目标间的复杂关系，须依据实际构造目标函数，以较为准确反映实际问题的相关性质。下面是几种常用目标函数。

1. 均衡评价函数

$$f(f_1,f_2,\cdots,f_s)=f_1+f_2+\cdots+f_s \qquad (2-110)$$

2. 权重评价函数

$$f(f_1,f_2,\cdots,f_s)=\omega_1 f_1+\omega_2 f_2+\cdots+\omega_s f_s \qquad (2-111)$$

式中　$\omega_1,\omega_2,\cdots,\omega_s$——大于零的权重系数。

3. 平方和优化函数

$$f(f_1,f_2,\cdots,f_s)=\sum_{i=1}^{s}f_i^2 \tag{2-112}$$

4. 平方和均衡优化函数

$$f(f_1,f_2,\cdots,f_s)=\sum_{i=1}^{s}\omega_i f_i^2 \tag{2-113}$$

式中　ω_i——大于零的权重系数[139]，$i=1$，2，$\cdots$，s。

2.6.2　单目标化解法的基本思想

1. 构造新目标函数

$$f=f(f_1,f_2,\cdots,f_s) \tag{2-114}$$

目标函数式（2-91）须满足性质：在约束条件区域内 $f(f_1$，f_2，$\cdots$，$f_s)$ 是 f_1，f_2，$\cdots$，f_s 的单调增函数。此外，构造新目标函数时也可以根据实际情况，将 $f(f_1$，f_2，$\cdots$，$f_s)$ 定义为 f_1，f_2，$\cdots$，f_s 的不减函数。

2. 建立单目标评价数学模型

单目标评价数学模型由目标函数和约束条件两部分构成，即

$$\min f=f(f_1,f_2,\cdots,f_s) \tag{2-115}$$
$$g_i(x_1,x_2,\cdots,x_n)=0,i=1,2,\cdots,n \tag{2-116}$$

3. 数学模型的求解

求解上述数学模型得到单目标评价问题的最优解，原多目标评价问题的最优解或条件最优解也可据此得到。

4. 最优解的性质

单目标评价问题最优解与原多目标评价问题最优解有着密切的内在关系，可以通过下面的方法进行论证。

设原多目标最优化问题的最优解为 X^*，则在此点处各目标函数 f_1，f_2，$\cdots$，f_s 均可取得最小值。显然，单目标评价问题的最优解存在，设为 Y^*，则在此点处目标函数 $f(f_1$，f_2，$\cdots$，$f_s)$ 取得最小值 $f(Y^*)$。则有

$$f_i(X^*)\leqslant f_i(Y^*),i=1,2,\cdots,s \tag{2-117}$$
$$f(X^*)\geqslant f(Y^*) \tag{2-118}$$

又因为 $f(f_1$，f_2，$\cdots$，$f_s)$ 是 f_1，f_2，$\cdots$，f_s 的单调增函数，据式（2-117）有 $f(X^*)\leqslant f(Y^*)$。所以 $f(X^*)=f(Y^*)$，故必有 $f_i(X^*)=f_i(Y^*)$（$i=1$，2，$\cdots$，s），Y^* 即为原多目标最优化问题的最优解。

因此可以得到最优解的性质。设 $f(f_1$，f_2，$\cdots$，$f_s)$ 是 f_1，f_2，$\cdots$，f_s 的单调增函数，原多目标评价问题的最优解存在，则单目标评价问题的最优解也存在，且为原多目标评价问题的最优解。可以推断，如果多目标评价问

题的最优解存在，则只需求解一个单目标评价问题即可；而如果该最优解不存在，则单目标评价的最优解将不一定存在[182]。

2.6.3　权重理论

权重评价函数是利用单目标化解方法进行多目标评价问题求解的目标函数类型之一，其中权重系数的确定将直接影响多目标评价结果。多目标评价方法中确定权重的方法有主观赋权法和客观赋权法两大类。其中主观赋权法是由专家依据经验主观判断权重的定性方法，有层次分析法、模糊评价法、综合评分法等；客观赋权法中的权重主要依据目标之间的相互关联性或各指标的变异系数确定，有熵值法、神经网络分析法、TOPSIS 法等[183]。下面将阐述本书采用的权重确定方法，即层次分析法（AHP 法）和熵值法。

1. 层次分析法

层次分析法（AHP 法）是一种定性和定量相结合的决策多目标复杂问题的分析方法。该方法中既有定量分析也有定性分析，以决策者经验判断各衡量指标对实现总目标的相对重要程度，然后合理地给出每个衡量指标相应的权数，对于处理难以用定量方法解决的课题较为有效。具体方法和步骤如下[184-185]：

（1）建立层次结构模型。应用层次分析法研究问题的第一步是将与问题相关的不同因素层次化，进而构造得到树状结构层次模型，称为层次结构图，如图 2-12 所示。

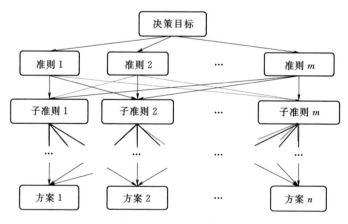

图 2-12　层次结构图

层次结构图一般分为目标层（O）、准则层（C）和方案层（P）。其中最高层为目标层（O），仅含一个元素，是决策问题的最终目标或理想结果；中间层为准则层（C），含达到目标的相关中间环节各因素，1 个准则为其中 1 个因素，当超过 9 个准则时可分为若干子准则；最低层为方案层（P），包括为达到目标而供选择的多种决策方案。层次分析法即用于计算方案层对目标层的相对权重，依据相对权重排序方案层中的不同方案、措施，作出选择或明确选择方案的原则。

（2）构造判断（成对比较）矩阵。设要对比 n 个因素 C_1，C_2，$\cdots$，C_n 对目标层 O 的影响程度，即确定其在 O 中分别占有多大比重。选取任意两因素 C_i 和 C_j，以 $a_{ij}(i,j=1,2,\cdots,n)$ 代表 C_i 和 C_j 影响 O 的程度之比，度量 a_{ij} 的比例标度划分为 $1\sim9$。因此，有两两成对比较矩阵 $\boldsymbol{A}=(a_{ij})_{n\times n}$，也称判断矩阵，其中 $a_{ij}>0$，且

$$a_{ji}=\frac{1}{a_{ij}}, a_{ii}=1(i,j=1,2,\cdots,n) \tag{2-119}$$

因此判断矩阵又称为正互反矩阵，a_{ij} 分为 $1\sim9$ 九个等级，a_{ji} 取 a_{ij} 的倒数。比例标度 $1\sim9$ 的确定方法如下：$a_{ij}=1$，元素 i 和元素 j 对上一层次同等重要；$a_{ij}=3$，元素 i 比元素 j 略重要；$a_{ij}=5$，元素 i 比元素 j 重要；$a_{ij}=7$，元素 i 比元素 j 重要得多；$a_{ij}=9$，元素 i 比元素 j 极其重要；$a_{ij}=2n(n=1,2,\cdots)$，元素 i 与 j 的重要性介于 $a_{ij}=2n-1$ 与 $a_{ij}=2n+1$ 之间；$a_{ij}=1/n$ $(n=1,2,\cdots,9)$，当且仅当 $a_{ji}=n$。

依据正互反矩阵的特点，确定 $\boldsymbol{A}$ 中上（或下）三角的 $\frac{n(n-1)}{2}$ 个元素即可确定 $\boldsymbol{A}$。在特殊情况下，当判断矩阵 $\boldsymbol{A}$ 的元素具有传递性，即式（2-119）成立，则称 $\boldsymbol{A}$ 为一致性矩阵。

$$a_{ik}a_{kj}=a_{ij}(i,j,k=1,2,\cdots,n) \tag{2-120}$$

（3）层次单排序和一致性检验。首先是相对权重向量的确定，常用确定方法有和积法、求根法（几何平均法）和特征根法，本书主要采用特征根法。

设想把一大石头 Z 分成 n 个小块 c_1，c_2，$\cdots$，c_n，其重量分别为 w_1，w_2，$\cdots$，w_n，然后将小石头作两两比较，其中 c_i、c_j 的相对重量为 $a_{ij}=w_i/w_j$ $(i,j=1,2,\cdots,n)$，便得到比较矩阵 $\boldsymbol{A}$

$$\boldsymbol{A}=\begin{bmatrix} \dfrac{w_1}{w_1} & \dfrac{w_2}{w_2} & \cdots & \dfrac{w_1}{w_n} \\[2mm] \dfrac{w_2}{w_1} & \dfrac{w_2}{w_2} & \cdots & \dfrac{w_2}{w_n} \\[2mm] \vdots & \vdots & \vdots & \vdots \\[2mm] \dfrac{w_n}{w_1} & \dfrac{w_n}{w_2} & \cdots & \dfrac{w_n}{w_n} \end{bmatrix} \tag{2-121}$$

设 $\boldsymbol{A}$ 为一致性正互反矩阵，其权重向量为 $\boldsymbol{W}=(w_1, w_2, \cdots, w_n)^\mathrm{T}$，则

$$\boldsymbol{A}=\boldsymbol{W}\left(\frac{1}{w_1},\frac{1}{w_2},\cdots,\frac{1}{w_n}\right) \tag{2-122}$$

因此

$$AW = W\left(\frac{1}{w_1}, \frac{1}{w_2}, \cdots, \frac{1}{w_n}\right)W = nW \qquad (2-123)$$

式（2-123）表明 W 是 A 的特征向量，且特征根为 n。当 A 为一般判断矩阵时有 $AW = \lambda_{max}W$，其中 λ_{max} 是 A 的最大特征根，而 W 是 λ_{max} 对应的特征向量。将 W 归一化后的矩阵可近似看作 A 的权重向量，该方法即为特征根法。

一般由实际情况得到的判断矩阵不一定满足传递性和一致性，故要求不一致的程度在允许范围内即可，因此须按如下步骤考查一致性比率指标。

1）计算一致性指标 CI

$$CI = \frac{\lambda_{max} - n}{n - 1} \qquad (2-124)$$

2）判断随机一致性指标 RI，一般由实际经验给出，见表 2-2。

表 2-2 随 机 一 致 性 指 标

判断矩阵阶数	1	2	3	4	5	6	7	8	9	10	11	…
RI	0	0	0.52	0.89	1.12	1.26	1.36	1.41	1.46	1.49	1.52	…

3）计算一致性比率指标 CR

$$CR = \frac{CI}{RI} \qquad (2-125)$$

当 $CR < 0.10$ 时判断矩阵的一致性成立，则 λ_{max} 对应的特征向量即为权重向量，且有

$$\lambda_{max} \approx \sum_{i=1}^{n} \frac{(AW)_i}{nw_i} = \frac{1}{n} \sum_{i=1}^{n} \frac{\sum_{j=1}^{n} a_{ij}w_j}{w_i} \qquad (2-126)$$

式中 $(AW)_i$ ——AW 的第 i 个分量。

（4）确定组合权重和组合一致性检验。

1）组合权重向量。设第 $k-1$ 层的第 n_{k-1} 个元素对目标层的排序权重向量为

$$W^{(k-1)} = (w_1^{(k-1)}, w_2^{(k-1)}, \cdots, w_{n_{k-1}}^{(k-1)})^T \qquad (2-127)$$

则第 k 层的第 n_k 个元素对 $(k-1)$ 层上第 j 个元素的权重向量为

$$P_j^{k-1} = (p_{1j}^{(k)}, p_{2j}^{(k)}, \cdots, p_{n_{kj}}^{(k)})^T, j = 1, 2, \cdots, n_{k-1} \qquad (2-128)$$

故式（2-128）表征第 k 层上的元素对第 $k-1$ 层每一元素的排序权重向量，即

$$P^{(k)} = [P_1^{(k)}, P_2^{(k)}, \cdots, P_{n_{k-1}}^{(k)}] \qquad (2-129)$$

最后，第 k 层元素对目标层的总排序权重向量为

$$W^{(k)} = P^{(k)} W^{(k-1)} = [P_1^{(k)}, P_2^{(k)}, \cdots, P_{n_{k-1}}^{(k)}] W^{(k-1)} = (w_1^{(k)}, w_2^{(k)}, \cdots, w_{n_k}^{(k)})^{\mathrm{T}}$$

$$(2-130)$$

也可以写作

$$w_i^{(k)} = \sum_{j=1}^{n_{k-1}} p_{ij}^{(k)} w_j^{(k-1)}, i = 1, 2, \cdots, n_k \qquad (2-131)$$

对任意 $k > 2$ 有一般公式

$$W^{(k)} = [P^{(k)}, P^{(k-1)}, \cdots, P^{(3)}] W^{(2)} (k > 2) \qquad (2-132)$$

式中 $W^{(2)}$——第二层每一元素对目标层的总排序权重向量。

2）组合一致性指标。设 k 层一致性指标为 $CI_1^{(k)}$，$CI_2^{(k)}$，$\cdots$，$CI_{n_{k-1}}^{(k)}$，相应随机一致性指标为 $RI_1^{(k)}$，$RI_2^{(k)}$，$\cdots$，$RI_{n_{k-1}}^{(k)}$，则第 k 层对目标层的组合一致性比率指标 $CR^{(k)}$ 的计算过程为

$$CI^{(k)} = (CI_1^{(k)}, CI_2^{(k)}, \cdots, CI_{n_{k-1}}^{(k)}) W^{(k-1)} \qquad (2-133)$$

$$RI^{(k)} = (RI_1^{(k)}, RI_2^{(k)}, \cdots, RI_{n_{k-1}}^{(k)}) W^{(k-1)} \qquad (2-134)$$

$$CR^{(k)} = CR^{(k-1)} + \frac{CI^{(k)}}{RI^{(k)}} (k \geqslant 3) \qquad (2-135)$$

当 $CR^{(k)} < 0.10$ 时，即可确定整个层次的成对比较矩阵通过一致性检验。

2. 熵值法

根据信息论，熵主要用来度量不确定性。信息量较大时不确定性就会偏小，熵也越小；反之，信息量较大时不确定性偏大，熵也越大。鉴于熵的特点，计算熵值既可用于判断某一事件的随机性和无序程度，也可评估某一指标的离散程度，离散程度较大的指标对综合评价的影响也越大。熵值法的实现步骤如下[186]：

（1）建立数据矩阵

$$A = \begin{bmatrix} X_{11} & \cdots & X_{1m} \\ \vdots & \vdots & \vdots \\ X_{n1} & \cdots & X_{nm} \end{bmatrix}_{n \times m} \qquad (2-136)$$

式中 X_{ij}——第 i 个方案中第 j 个指标的数值。

（2）数据的非负数化处理。鉴于熵值法中计算各方案的某一指标值与该指标值总和的比值，因此无需考虑量纲的影响，也无需标准化处理。但如果数据中有负数，须对数据实现非负化处理。而且为防止计算熵值时对数无意义，可能还需要数据平移。

对于越大越好的指标，有

$$X_{ij}' = \frac{X_{ij} - \min(X_{1j}, X_{2j}, \cdots, X_{nj})}{\max(X_{1j}, X_{2j}, \cdots, X_{nj}) - \min(X_{1j}, X_{2j}, \cdots, X_{nj})} + 1,$$
$$i = 1, 2, \cdots, n; j = 1, 2, \cdots, m \qquad (2-137)$$

对于越小越好的指标，有

$$X'_{ij} = \frac{\max(X_{1j}, X_{2j}, \cdots, X_{nj}) - X_{ij}}{\max(X_{1j}, X_{2j}, \cdots, X_{nj}) - \min(X_{1j}, X_{2j}, \cdots, X_{nj})} + 1,$$
$$i = 1, 2, \cdots, n; j = 1, 2, \cdots, m \qquad (2-138)$$

为方便阐述，非负化处理后的数据仍将记为 X_{ij}。

（3）第 j 项指标的第 i 个方案占该指标的比重为

$$P_{ij} = \frac{X_{ij}}{\sum\limits_{i=1}^{n} X_{ij}}, j = 1, 2, \cdots, m \qquad (2-139)$$

（4）第 j 项指标熵值为

$$e_j = -k \sum_{i=1}^{n} P_{ij} \ln P_{ij} \qquad (2-140)$$

其中，$k > 0$，$e_j \geqslant 0$，常数 k 与样本数 m 有关，一般令 $k = \dfrac{1}{\ln m}$，则 $0 \leqslant e \leqslant 1$。

（5）第 j 项指标差异系数为

$$g_j = 1 - e_j \qquad (2-141)$$

对第 j 项指标，指标值 X_{ij} 的差异越明显，则对评价结果的影响越大，熵值也就越小。

（6）求权数

$$W_j = \frac{g_j}{\sum\limits_{j=1}^{m} g_j}, j = 1, 2, \cdots, m \qquad (2-142)$$

（7）计算各方案综合得分

$$S_i = \sum_{j=1}^{m} W_j P_{ij}, i = 1, 2, \cdots, n \qquad (2-143)$$

2.7 本章小结

本章对风电系统中物理场的产生过程进行了概述，以所讨论问题为出发点，分别对温度场、电磁场、流场及耦合场的数学模型、场协同理论及耦合过程进行了阐述；并详述了系统中引起温升的各种损耗、数学模型与计算方法，概述了强耦合、弱耦合、双向耦合的概念及特点，根据风电系统场和路结合特点，引入后续需要的场路耦合方法。最终视风电系统为热—功转换系统，介绍了熵与㶲的热力学理论、储能特性理论及多目标优化方法。然而，风电系统中多物理场耦合问题属于交叉学科，也是一门新兴学科，渗透的相关理论和大量问题有待深入研究和不断探索。

第 3 章

实验测试设备及方案

实验测试是科学研究必不可少的关键性环节，而测试所采用的仪器与设备决定着实验结果的可靠性和精度。本章针对本研究所涉及的测试对象、测试设备及辅助设备逐一详尽介绍，并分别对风轮与发电机匹配特性、温度场、发电机外围流场、电能质量与储能特性测试的实验方案进行了详尽介绍。

3.1 测试设备

1. 风洞

某低速风洞全长 24.59m，主要构造部分包括动力段、整流段、收缩段、闭口试验段、扩张段、开口试验段部分如图 3-1 所示。

该风洞为直流低速风洞，其湍流度可以进行调节，风洞闭口试验段截面为方形，长 3m，长宽比 3.3，属于中等范围。为了补偿壁面边界层的发展，保持流向的风速不变、压力梯度为零，闭口试验段有 0.46°的半扩张角。试验段截面由 0.92m×0.92m 方形入口增大到 1.0m×1.0m 的方形出口。试验用风洞闭口试验段的空气流动均匀稳定，整个闭口试验段风速一致性较好。

图 3-1 试验风洞

该低速风洞性能指标如下：

（1）动力段所用风机为轴流通风机，通风机的电机功率为 55kW。

（2）开口试验段为直径 $D=2.04m$ 的圆形，开口试验段最高稳定风速 20m/s。

（3）闭口试验段的截面为 0.92m×0.92m 的方形，长 3m，最高稳定风速 60m/s。闭口试验段湍流度 ε≤8‰；变频器的变频范围为 0～60.0Hz。

2. PIV 测试系统

PIV 是粒子图像测速仪的简称，由脉冲激光器发出的激光通过由球面镜和柱面镜形成的片光源镜头，照亮流场中一个很薄的（1～2mm）面；与激光面垂直方向的 PIV 专用跨帧 CCD 相机摄下流场层片中的流动粒子图像，然后把图像数字化送入计算机，利用自相关或互相关原理处理，能在同一瞬间记录下大量空间点上的速度分布信息，并可提供丰富的流场空间结构以及流动特性。

PIV 测试系统针对直驱式风电机组近尾迹流场开展测试研究，设备如图 3-2 所示。PIV 测试系统可应用于风洞试验中，以研究湍流结构、非定常或周期性流动，捕捉流动细节，测量复杂流场，获得流场全场特性，测量流场的空间相关性，实现射流研究、微尺度流动测量（微米量级）和多相流测量，测速范围宽（0～超音速）、受外界影响较小。

3. Fluke Norma 5000 功率分析仪

如图 3-3 所示为 Fluke Norma 5000 功率分析仪，设计用于测量最多 6 个不同通道的电流和电压，并且可用于分析直流电流和数兆赫的交流电流，选择适当的测量模块可精确测量最高 1000V 的电压值和最大 20A 的电流值。为保证测量的准确性，功率分析仪会自行配置完整的电流和电压周期。且通过与之匹配的显示器界面可同时计算相应的有功功率、无功功率和视在功率，测量准确度不受波形、频率或相移的影响，误差范围在 0.03％和 0.3％之间，符合本试验数据精度要求。

图 3-2　PIV 测试系统

图 3-3　Fluke Norma 5000 功率分析仪

4. 转速转矩传感器及测量仪

将 ZH07 型应变式转速转矩传感器安装至风轮与发电机之间传动轴区域，通过专用的数据信号传输线与 ZHK-D 型数字式转速转矩显示仪连接，显示仪可实现对风轮转速、转矩以及轴功率等参数的实时输出，并可对以上参数实时监测。此外，采用 Fluke 190 示波表可实时监测机组输出功率信号的波形图，为功率测试提供更直观的功率波形信息。转速转矩采集测量装置如图 3-4 所示。

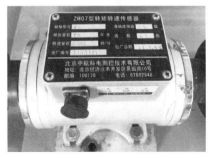 

（a）转速转矩传感器　　　　　　　　（b）转速转矩测量仪

图 3-4　转速转矩采集测量装置

5. DH5902 动态信号采集分析仪

电参数动态采集测试系统以 DH5902 动态信号采集分析仪为核心采集装置。电流信号的获取采用直接放大式开口闭环霍尔电流传感器，基于磁平衡式霍尔原理，利用磁路与霍尔器件输出的线性关系，通过非接触检测方式实现，其测量电流范围为 $-50\sim50$A。采用桥式电压传感器并联至负载端，采集三相电压信号，其范围为 $-150\sim150$V。传感器采用 NET 接口连接方式分别与六通道采集器相接，并通过局域网将计算机与仪器相连，将获取的电信号实时上传至与采集分析仪配套的 DH5902 数据分析系统，实现对电信号的时频分析。该套设备具有响应迅速、测试准确度高、动态性能好等优点，DH5902 动态信号采集分析仪如图 3-5 所示。

6. 直、交流负载箱

采用 SIEMENS Smart200 系列的 PLC 控制系统，借助以太网通信连接方式与计算机连接，通过智能测试负载箱电气控制系统远程控制，调节系统加载的阻性负载和感性负载含量，实现对风电系统运行载荷的调节。阻性直流负载箱和阻—感一体交流负载箱分别配有单相电量表（ZW3414D）和三相表（ZW3432B），在实验过程中可实现对电压、电流、功率等信号的实时监测、图形显示、存储、分析等功能。直、交流负载箱如图 3-6 所示。

7. 铅酸蓄电池

本书采用单块 12V 100Ah 阀控式铅酸蓄电池。铅酸蓄电池是一种由铅及其氧化物制成电极，电解液为 H_2SO_4 溶液的蓄电池。铅酸蓄电池放电状态下，正极主要成分为二氧化铅，负极主要成分为铅；充电状态下，正负极的主要成分均为硫酸铅。铅酸蓄电池储能具有安全可靠、价格低廉、技术成熟、工作温

(a) DH5902 电信号采集器

(b) 霍尔电流传感器

(c) 桥式电压传感器

图 3-5 DH5902 动态信号采集分析仪

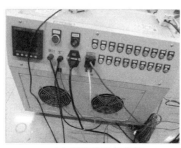 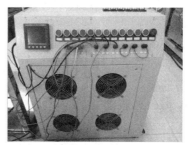

(a) 阻性直流负载箱　　　　(b) 阻—感一体交流负载箱

图 3-6 直、交流负载箱

度范围宽、再生利用率高、性能可靠、适应性强以及可制成免维护的密封结构
等优点，在风电系统储能中应用广泛。蓄电池组如图 3-7 所示。

8. 红外热像仪

FLIRT-200 型红外热像仪的工作原理是通过吸收被测对象辐射的红外
线，非接触地探测红外热量，将其转换生成热图像和温度值，并呈现在显示器
上，同时可以对温度值进行计算。该仪器具有反应灵敏、精确度高、重复性好

及稳定性强等特点，并可对被测物体进行连续的非接触测温。其测温范围为
−20～350℃，可以满足对永磁发电机动态测温的需求，如图3-8所示。

图3-7 蓄电池组   图3-8 FLIRT-200型红外热像仪

其主要特点如下：

(1) FLIRT-200是一种先进的新型红外热像仪，在银幕上能够呈现清晰
图像。

(2) 具有灵活、可旋转的光学组件，可帮助测试者获得正确的测试角度，
并具备自动定位高温区的功能，且能测出最佳效果的场分布。

(3) 内置高分辨率的可见光数码相机，并带有准确定位目标的照明灯。

(4) 具有画中画的独特技术，能够在可见光图像内提供可缩放的热图像。

(5) 配套专业软件FLIR QuickReport，可对测量温度场分布图进行计算、
着色、最高和最低温度的定位及各种优化后处理。其技术指标见表3-1。

表3-1   红外热像仪主要技术指标

技 术 类 型	指 标
测温准确度	±2℃或读数±2%
测温范围	−20～+120℃，0～+350℃
可扩展温度范围	可扩展至1200℃
工作时间	>4h
热灵敏度	<0.08℃
探测器类型	非制冷焦平面阵列

9. 永磁发电机

发电机作为风力发电机组核心部件之一，其特性直接决定整机性能。本测
试选用4种典型系列永磁发电机，如图3-9所示。

系列Ⅰ～Ⅳ永磁发电机之间不仅存在生产工艺的差异，更有额定功率、额
定转速、极对数等固有参数方面的不同，见表3-2。

（a）系列Ⅰ

（b）系列Ⅱ

（c）系列Ⅲ

（d）系列Ⅳ

图 3-9 测试用永磁发电机外观

表 3-2 测试用永磁发电机参数对比

发电机系列	Ⅰ	Ⅱ	Ⅲ	Ⅳ
额定功率/W	300	300	400	500
额定电压/V	24（DC）	28（DC）	28（DC）	56（DC）
额定转速/（r/min）	720	400	360	360
轴向单极永磁体数量	1	1	2	2
极对数	5	5	5	4
最小起动力矩/（N·m）	0.15	0.30	0.35	0.40
齿槽类型	梨形槽	梨形槽	梨形槽	梨形槽

10. 叶片

测试选用的两种风轮翼型均在 NACA 系列翼型基础上改进后重塑。其一为初始改进翼型，其二在初始翼型基础上作开槽设计。为描述方便，按次序称为 N1 翼型和 N2 翼型，其结构如图 3-10 所示。

N1 翼型和 N2 翼型的差异为后者在前者基础上沿叶片伸展方向开槽，两者额定参数一致，其中额定风速和额定叶尖速比分别为 8m/s 和 5.0。

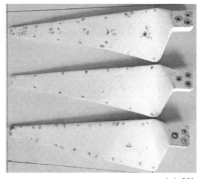
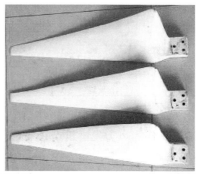

（a）N1 翼型叶片

图 3-10（一） 测试风轮叶片

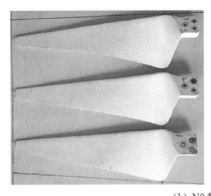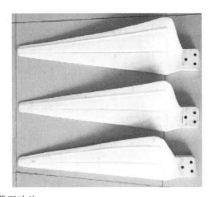

(b) N2 翼型叶片

图 3-10（二） 测试风轮叶片

3.2 永磁发电机输出特性及温度场测试方案

作为本试验的第一阶段第一部分，实验设备主要有：额定功率为 2.2kW、额定转速为 1400r/min 的三相异步电动机，VVVF 交—直—交变频器，传动比为 1∶1 的传动机构，FLIR T200 型红外热像仪，ZH07 型应变式转速转矩传感器以及与其配套使用的 ZHK-D 型数字式转速转矩显示仪，EDA9033G 数据采集器和储存数据的电脑。发电机输出特性及温度场数据采集系统简图如图 3-11 所示。

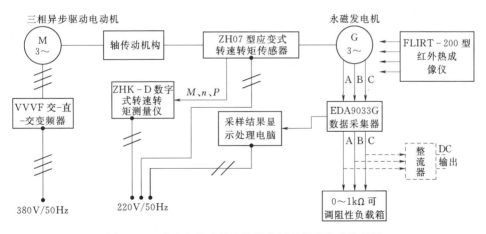

图 3-11 发电机输出特性及温度场数据采集系统简图

为了获取永磁发电机各部件在不同工况下运行的温升规律，本书以 400W 不同定子结构永磁发电机为测试对象，采用 FLIRT-200 型红外热成像仪直接

实时监测各部件不同区域的动态温度场,其具体方案如下[187]:

(1) 在不影响整机性能和测试规律的前提下,将不同定子结构和气隙宽度的 400W 永磁风力发电机尾舵去掉,在背风面端盖切开 1 对椭圆形小孔,使其定子绕组、定子铁芯、磁钢、转子铁芯可见,以便在旋转过程中可使用红外热成像仪采集到各部件的动态温度场。

(2) 将 EDA9033G 数据采集器及时监测到的输出功率与 ZHK - D 数字式转速转矩测量仪所显示的轴输入功率相比,可得到永磁发电机的瞬时效率。以获得最大效率为目的,得出该发电机携带负载的最佳阻值为 22.8Ω,因此,本书携带负载阻值限制在 6.8~52.8Ω。

(3) 分别采集加载和卸载同一输入时的温度场;在短路电流很大但不足以烧坏发电机的前提下,分别采集各部件的温度场。

(4) 考虑到开孔后增强了永磁发电机的散热功能,使其各部件温升延缓并减小,要将测得的各部件温度值进行修正。

这部分试验数据的采集主要是采集永磁发电机在不同转速及不同负载组合下的输出特性,其关键是发电机转速的控制和负载大小范围及变化等级的划分。永磁发电机由电动机拖动,传动比为 1∶1 轴传动,所以发电机转速的控制最终归结为对电动机转速的控制,而电动机的转速是由变频器来控制的,因此只要控制变频器的频率就可较方便地控制发电机的转速。发电机负载大小的上限和下限可以先试取。首先选取一个较小值,在此负载下使发电机的转速由低到高逐渐增加,观察发电机的输出特性和物理特征,如发电机的三相输出电压是否不平衡,电流是否过大,功率因数是否过小,发电机表面温度是否过高等,来判断是继续减小负载值,还是适当增加负载值;如果出现上述情况之一,则应当适度增加负载值再次进行测试,直到满足条件为止,此时的负载值作为试验有效数据采集的负载值起点。负载值上限的选取也可先选取较大值,如果在此负载下发电机输出功率过小,已超出了适用范围,已没有实际意义,此时可适度减小负载值,直到发电机的输出功率有使用价值为止。当上述测试所用的负载值范围确定后即要进行发电机输出特性数据和温度场数据的采集。发电机输出特性数据主要包括输出电流、电压、功率因数、有功功率等,这部分数据由 EDA9033G 数据采集器和专用电脑自动采集记录和保存。发电机温度场数据的采集由 FLIRT - 200 型红外成像仪拍摄照片,再通过与其配套的 FLIR Quick Report 图像数据处理软件生成质量报告,能够较全面地反映温度场的各种信息。在拍摄红外图片过程中每两张图片的时间间隔要相等,角度要一致,分别采集发电机在不同负载值、转速和时间下进行交叉组合试验的温度场数据。在利用红外成像仪拍摄图像时要注意:

为获得较精准的数据结果,在打开热成像仪之后,等 5min 再测量温度;

测量不同材质表面的物体表面温度时要对辐射率进行校准;

红外成像仪拍摄镜头距被拍摄物体表面距离要适中。

3.3 系统特性实验测试方案

3.3.1 不同翼型的叶片输出特性测试

本实验方案的制定参照了 IEC 61400—12—1—2005《风力发电机功率特性测试》和 GB/T 19068.2—2003《离网型风力发电机组测试方法》。试验在直吹式低速风洞进行,主要试验设备有风力机叶片,4 副小翼,2 台发电机,DH5902 动态信号采集分析仪,直、交流负载箱及其他辅助设备。其实验台架和工作系统简图如图 3-12 和图 3-13 所示。

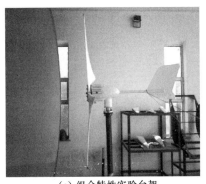 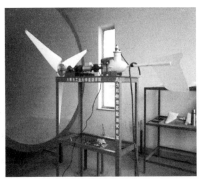

(a) 组合特性实验台架　　　　　　　　(b) 叶片特性实验台架

图 3-12　实验台架

首先在确保无外界自然风干扰的情况下,将五副不同翼型的叶片编号为 1～5 号,并在这几副叶片上分别粘上 S 形最优小翼、S 形次优小翼、V 形最优小翼、V 形次优小翼,并将这几种不加小翼与分别加上四种小翼的叶片分别与编号为 1 号和 2 号的两台不同的发电机组合,调整风速,设定叶尖速比,并使状态稳定;记录、保存功率输出;寻找共振谐波,记录、保存频谱曲线和时域信号。

这部分实验主要是采集风轮和发电机在不同风速、转速下的交叉组合实验的输出功率、电流、电压、转矩、转速等参数。风速是来流的风速,由风洞吹出,在风速一定的前提下改变风电机组的负载值,使转速由低到高逐级变化,在此过程中有数据采集器对其输出特性数据实时记录保存。

3.3.2 功率脉动测试

功率脉动影响因素广泛且平抑方法多样。近年来国内外学者针对气动、机

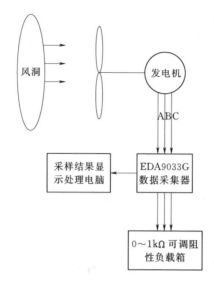

（a）组合特性实验台架系统简图

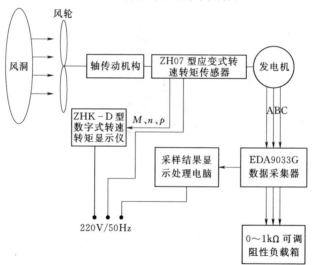

（b）叶片特性实验台架系统简图

图 3-13　不同翼型的叶片输出特性工作系统简图

械以及电磁因素对功率脉动的影响、功率脉动平抑措施、功率脉动评价标准以及功率脉动相关优化方法进行探究，为解决风电机组功率脉动问题提供思路。

　　功率脉动是永磁风电系统输出功率特性的重要评价性指标。风自身的波动性是引起机组气动功率脉动的主要原因，不同风模型产生的气动功率波动也有所不同，风速直接影响风电机组输出总功率以及功率脉动程度。从风电机组输出端的电流电压角度探究功率脉动产生原因，国内外学者在研究并网过程中的功率脉动时发现，三相电压不平衡时会造成两倍频功率脉动，脉动率与三相电压不平衡程度呈正相关，提供了从电压三相不平衡角度分析功率脉动的思路。匹配储能装置调整输出功率可以平抑风电机组功率脉动。通过研究发现谐波及三相不平衡电压引起机组温升对输出功率具有一定影响。发电机局部退磁以及其他损耗会造成输出功率脉动，各指标间由于耦合作用互为激励，造成波动频率畸变，探究谐波以及电压三相不平衡等因素对风电机组动态功率脉动的影响也是未来研究方向之一。

纵观国内外电力系统功率脉动的相关研究，主要集中在风电并网过程中网侧功率脉动的影响，关于独立运行风电机组自身一次功率脉动研究较少；且多采用储能装置吸收功率脉动，该方法不仅增加了系统的复杂程度，且易导致二次功率脉动，同时增加小型风电机组成本，不利于实际推广。因此需要探究风电机组运行过程中影响功率脉动的关键因素，降低机组本身输出的一次功率脉动，这也成为本书的研究动机和出发点。

风电机组功率脉动实验测试由整机测试实验和风轮与发电机分离实验两部分构成，其中分离实验又由机组外特性实验和电参数采集实验两部分构成。实验均需采用自行设计与定制的专用匹配测试台架。

1. 测试对象

发电机作为风电机组最主要的构成组件之一，承担着机械能与电能转换的任务，因此发电机电能输出性能是决定风电机组整机输出特性的主要因素。小型风电机组常采用的永磁同步发电机具有结构简单的特点，不含齿轮系统、励磁绕组、电刷以及滑环等结构，在中低转速下具有良好的发电性能，具有体积小、转子损耗低、转子磁场大、效率高等优势，且不需要外接调节器，提高了产品的可靠性。本书分别以未退磁额定功率 300W、额定转速 200r/min，未退磁额定功率 300W、额定转速 350r/min 及退磁额定功率 300W、额定转速 350r/min 三个系列典型的小型永磁同步发电机为测试对象，为简化表述分别将其依次命名为系列 I～III。

系列 I～III 永磁发电机的主要差异在于额定转速、极对数、转动惯量等固有参数，可通过对比系列 I 和系列 II 永磁发电机输出电参数探究电机固有参数对输出特性的影响；系列 II 和系列 III 发电机为结构参数相同但退磁效果不同的发电机，主要通过对比系列 II 和系列 III 永磁发电机输出电参数，探究风电机组退磁老化对风电机组输出特性的影响。三种永磁发电机具体参数见表 3-3。

待测的三种风轮翼型均以 NACA 系列翼型为基础。NACA4415 翼型由直升机桨叶翼型改进而来，其相对弯度 4%，最大弯度位置在 0.4 弦长处，相对厚度为 15%。为表述方便，将 NACA 翼型命名为 N1 翼型；同时，选择与 N1 翼型差别较大的 S 原翼型，S 原翼型与 NACA 翼型相比，相对厚度变化较大，

表 3-3   三种永磁发电机主要参数对比

参数类型	I	II	III
额定功率/W	300	300	300
额定转速/(r/min)	200	350	350
额定电压/V	24（DC）	28（DC）	28（DC）
转动惯量/(kg·m²)	0.02125	0.03575	0.03575
极对数	4	5	5
有无绝缘老化和退磁	无	无	有

相对弯度也比传统翼型大，将 S 原翼型命名为 S1 翼型；在 S 原翼型叶展方向进行开槽加肋处理改变其气动特性和结构特性，将 S 开槽翼型命名为 S2 翼型。三种翼型叶片材质和额定参数一致，额定风速为 8m/s，额定叶尖速比为 5.0，三种翼型参数分别见表 3-4。其中 N1 翼型风轮为双夹板固定方式，S1 翼型和 S2 翼型均为螺栓法兰盘固定方式，风轮叶片外形如图 3-14 所示。

表 3-4   测 试 翼 型 对 比

翼型全称	简称	叶片材质	额定功率/W	额定风速/(m/s)	额定叶尖速比	是否开槽
NACA 翼型	N1 翼型	木质	300	8	5	否
S 原翼型	S1 翼型	木质	300	8	5	否
S 开槽翼型	S2 翼型	木质	300	8	5	是

(a) N1 翼型叶片   (b) S1 翼型叶片   (c) S2 翼型叶片

图 3-14　三种翼型叶片

2. 测试流程

为获得风轮与发电机在不同工况下的输出特性，综合考虑各发电机启动风速、风轮的额定风速（8m/s）及风洞有效风速，实验来流风速 V 的变化范围为 5～12m/s，将变化步长设为 1m/s，叶尖速比 λ 以 0.5 为变化步长，在 4.0～7.0 范围内调节。测试系统可实现对风轮转速、转矩、轴功率，以及机组输出电流、电压、功率的实时监测。其机组动态电参数采集测试结构如图 3-15 所示，具体实验步骤如下：

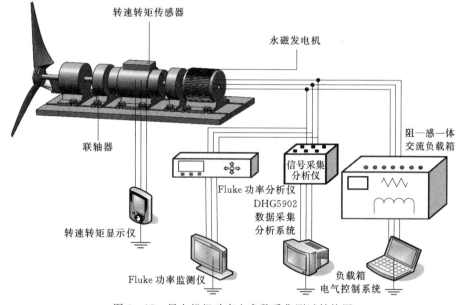

图 3-15 风电机组动态电参数采集测试结构图

（1）外特性试验和电参数动态采集两部分测试的动力源均由 B1/K2 低速风洞实现，试验区域位于风洞开口试验段直径 2.04m 的圆形洞口，通过变频器调节试验风洞入口端的轴流式风机转速实现来流风速的变化。

（2）在风洞开口段利用德国 testo425 手持式热线风速仪对来流风速进行标定，标定风速手持式热线风速仪多点测量，且每个测量点持续测量 1min。该仪器采用热敏探头探测流场中的瞬态速度，可测范围为 0～20m/s，满足试验风速范围；风速分辨率可达到 0.01m/s，误差不超过 0.03m/s，可确保试验来流风速的准确性。

（3）实验前将待测风轮与发电机安装至分离实验台架，风轮与发电机通过传动比为 1:1 的传动轴连接，ZH07 型应变式转速转矩传感器安装于传动轴中部用于采集风轮输出参数，通过专用数据传输线与 ZHK-D 型转速转矩显示仪连接，实时输出风轮转速、转矩以及轴功率等参数。

（4）负载侧主要采用集成了三相表（ZW3432B）的阻—感一体交流负载箱进行负载调节。发电机输出侧三相电分别与交流负载箱 A、B、C 三相接口相连，通过装有交流负载箱电气控制系统的主控电脑调节系统中阻性负载和感性负载含量，进而实现对风电机组输出的整体控制。

（5）外特性实验在风洞恒定风速下调节直流负载箱的阻性负载，实现发电机以及风轮的转速变化。叶尖速比是叶尖线速度与来流风速的比值，风速一定时，通过改变转速可以改变叶尖速比。改变负载是从电气观点改变转速，进一步改变风轮气动特性的重要途径。

（6）电参数动态采集实验采用阻—感一体交流负载箱模拟实际用电器。相比外特性实验系统中增加了感性负载，调节风电机组中感性负载含量可以改变输出功率的脉动特性，探究需求侧不同负载类型对输出功率特性的影响。根据负载箱感性负载实际变化范围，以 50mH 等变化间距选取 150～550mH 区间 9 组电感值，以 6m/s、8m/s、10m/s、12m/s 作为采样风速，记录各风速下的输出电信号。

（7）采集侧由 Fluke Norma 5000 功率分析仪和 DH5902 数据采集分析仪同步实现。Fluke Norma 5000 功率分析仪直接接入系统可实现对输出电流、电压和功率的采集；DH5902 数据采集分析仪需配合霍尔电流传感器和桥式电压传感器使用，将霍尔电流传感器分别嵌套至发电机输出侧三相电中，采用非接触式测量的方法获得风电机组各相电流，将桥式电压传感器与负载箱并联测量负载两端的三相电压，电流电压信号通过排线传递至 DH5902 数据采集器，经网线传送至控制电脑 DH5902 数据采集分析系统。

（8）稳定状态下，通过转速转矩显示仪读取各工况下的转速、转矩和轴功率；通过 Fluke Norma 5000 功率分析仪监测并记录机组输出电流、电压以及功率等电参数，记录 12 组等时间间隔为 1min 的功率数据。

3. 测试方案及技术路线

为分析不同匹配机组在各工况下输出功率的脉动特性，需要采用风力机匹配测试台架进行匹配分离实验，通过外特性分离实验获得风轮的转速、转矩和轴功率等信号，通过电参数动态采集实验获得发电机输出电流、电压和功率等电信号，两阶段共同构成风电机组匹配分离实验部分。

第一阶段测试各翼型风轮与各系列发电机构成的风电机组外特性，选取典型工况，调节直流负载箱阻性负载改变叶尖速比。Fluke 功率分析仪可获得各风速及叶尖速比下的电压、电流、负载阻值等数据，利用试验台前端风轮转速转矩显示仪获得两幅风轮扭矩及轴功率数据，获得两幅风轮的输出功率特性，分析风轮输出功率波动情况。

第二阶段测试采用阻—感一体交流负载箱作为负载端，增加了感性负载元件，旨在探究系统中增加感性负载对输出功率特性的影响。调节测试系统中感性负载含量，改变风电系统输出功率特性，采用 DH5902 数据采集系统获得输出电流、电压以及功率实时信号分析系统整体输出功率波动情况。

整机对比测试实验和匹配分离实验两部分共同构成风电机组功率脉动实验测试，两部分实验均在直流式 B1/K1 低速风洞开口试验段进行。实验测试作为探究机组功率脉动特性的基础，通过采集一系列气动参数和电磁参数分别探究气动功率脉动特性和电磁功率脉动特性，选择最佳匹配机组；进一步改变该系列机组工作状态，分别加入电感控制，通过对比各机组频谱信号获得输出动态功率脉动特性。

3.4 电能质量测试方案

外特性与电能质量整机测试的风电机组装设于相同实验台架，如图 3－15 所示，风轮通过传动比为 1∶1 的传动轴联接永磁发电机，轴上装有 ZH07 型应变式转速转矩传感器以及与其配套的 ZHK－D 型数字式转速转矩显示仪。外特性测试由于输出为三相交流电，因此需先整流为单相直流。现选用 SQL 40A1600V 型整流器，将整流后的单相电接入配有 ZW3414D 单相电量表的直流智能测试负载柜。

3.4.1 测试原理

整机电能质量实验采用配有霍尔电流传感器、桥式电压传感器的 DH5902 数据采集分析仪，并配套 DHDAS 系统软件，其测量电流范围为－50～50A、电压范围为－150～150V，能够满足对小型风电机组电参数的采集要求。机组负载采用配有 ZW3432B 三相表的交流智能阻—感可调负载柜。以上设备实物如图 3－18 所示，在实验过程中可实现对电压、电流、频率、功率等信号的监测、图形显示、存储、分析等功能。

为探究风轮特性对风电机组电能质量的影响机理，设置电动机代替风轮作为动力输入设备的对照实验组，进行风轮与发电机分离试验。采用另一套专用实验台架开展测试研究，主要设备包括额定功率为 2.2kW、额定转速为 1400r/min 的三相异步电动机，ZH07 型应变式转速转矩传感器及与其配套的 ZHK－D 型数字式转速转矩显示仪，传动比为 1∶1 的专用传动轴和 VFD－M 型交—交变频器等。

3.4.2 测试方法

机组外特性和整机电能质量两部分测试在内蒙古工业大学能源基地的 B1/K2

低速风洞进行，风洞风速采用变频器调节。综合考虑各机组启动风速、10m/s 的额定风速及风洞有效风速范围，实验选择来流风速 V 范围为 5～12m/s，并以 1m/s 间隔变化，且以 0.5 间隔变化的叶尖速比 λ 范围为 4.0～7.0。据 V、λ 和风轮半径 R 由约束关系，可获得各工况对应转速。

外特性实验测试方法较为简单，通过调节直流负载值改变叶尖速比，在各风速及叶尖速比下分别获得电压、电流、负载电阻、发电机扭矩、轴功率等值。而电能质量影响因素有风轮与发电机匹配、运行工况及负荷等，该测试过程较复杂，其实验系统如图 3-16 所示。

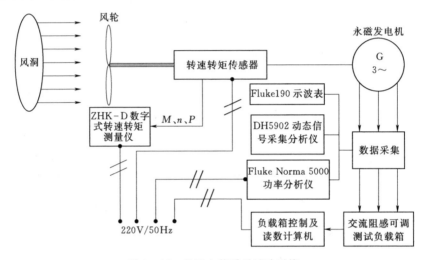

图 3-16　整机电能质量试验系统

在风洞定风速下调节交流负载箱的阻性负载可改变转速，即调节叶尖速比而达到外流场变化效果；改变感性负载叶尖速比的变化虽可忽略但其对电能质量影响较大，因此，必须同时调整阻性负载、感性负载才能实现对输出电能质量的全面研究。

风轮与发电机分离电能数据采集中，首先根据整机实验的转速对应确定本部分电动机转速范围为 300～1200r/min，并通过调节负载达到 50r/min 间隔变化驱动转速，然后在各转速下采集七组不同交流负载对应的输出。

3.5　储能测试方案

本实验的测试过程在流动测试及优化匹配实验室进行，主要实验设备有 2.2kW 三相异步电动机、ZH07 型应变式转速转矩传感器、300W 直驱永磁发电机、整流器、逆变器、4 块 12V 100Ah 阀控式铅酸蓄电池、交流智能阻—

感可调负载柜、DH5902 数据采集器、Fluke Norma 5000 功率分析仪。

实验测试原理图如图 3-17 所示，使用电动机模拟风轮转动，通过调节磁力启动器频率控制电动机转速，转速转矩显示仪与电动机、永磁发电机同轴连接，永磁发电机将旋转机械能转化为电能，输出的三相交流电经整流器整流后一部分进入蓄电池为蓄电池充电，另一部分经逆变器逆变后为负载供电。使用 FLUKE 采集装置和 DH5902 数据采集系统进行数据采集，分别在永磁发电机后端、整流器后端、逆变器前端、逆变器后端设置检测口。

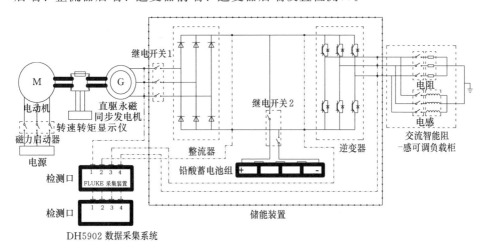

图 3-17　实验测试原理图

为了分析储能对电能质量的影响，将连接储能装置的测试系统与去除储能装置的测试系统进行对比，分析具体各指标下电能质量的变化情况；调节转速、改变蓄电池充放电状态、改变接入电路的电阻电感含量，探究不同转速、不同蓄电池状态、不同负载对风电系统㶲效率的影响。

3.6　流场实验测试方案

根据研究人员前期对风力机叶尖涡流场动力学特性的三维 PIV 实验测试[188]及风力机近尾迹流场湍流特征的高频 PIV 实验探索[189]，确定本研究的实验方案。实验在风洞闭口段并且风力机无偏航的情况下进行。调整风轮安装位置，使风轮旋转轴线与风洞轴线重合，这时风轮平面与来流方向垂直。然后连接转速表、外触发装置和负载电路。

实验系统布置如图 3-18 所示，激光束通过光臂底座折 90°角经过光学镜头变换成激光面，激光面垂直水平面并通过风轮旋转轴线，高速采集 CMOS 相机水平摆放在风洞外与激光面垂直的一侧，透过有机玻璃窗捕捉拍摄区域的图像。

1—激光器电源；2—激光器；3—CCD 相机；4—测试窗口；5—同步器

图 3-18　实验系统布置图

测试前要对系统进行标定，首先要使激光面通过风力机模型轴心并与水平面垂直，然后将标定靶盘放入风力机后方待测区域与测试窗口重合，标定靶盘一端有反射镜，能够保证激光面与标定靶盘在同一平面上以及激光面是否垂直。靶盘标定参数见表 3-5。

表 3-5　　　　　　　　　　　靶 盘 标 定 参 数 表

相 机 配 置	拍 摄 区 域
焦距：45.7805mm	$X_0 = 508.618\text{px}$
像素尺寸：0.02mm	$Y_0 = 523.717\text{px}$
像素纵横比：1	比例因子：4.9612px/mm

标定完成后开始拍摄，激光会打出片光源，片光源垂直地面并通过风轮旋转轴线。高速采集 CMOS 相机水平摆放在风洞外与激光面垂直的一侧，透过有机玻璃窗进行拍摄。整个实验过程中高速相机与激光光源位置固定不动。

拍摄期间相机的位置固定不动。采用锁相定位系统，定义其中一只叶片为参照叶片，当此叶片叶尖前缘点与旋转中心的连线与激光平面重合时定义为 0°，当参照叶片旋转至预设的角度时开始拍摄，直至拍摄完预定样本数，然后停止。

以往拍摄多窗口流场采取的方法是风力机固定移动 CMOS 相机，并且激光发射器也需要移动，这样就很容易使相机镜头与拍摄面之间的距离、对焦准确度、激光照亮强度等参数发生变化，致使拍摄到的流场区域的大小、原始图片的质量出现差异，在后期对处理的数据进行分析中很难对比两次拍摄结果。为了提高拍摄精度，同时缩短拍摄时间，考虑到风洞闭口试验段风速和湍流度都很稳定均匀，风力机模型在风洞闭口试验段内任意位置处风轮入流条件相同，所以决定移动模型塔架的轴向位置，来获得全尾迹流场。这样可以保证拍摄面、激光发生器、高速采集 CMOS 相机的相对位置固定不变，保证拍摄后拼接流场的真实性。

风力机模型轴向移动图如图 3-19 所示，每隔 150mm 移动一个轴向位置，一共移动 9 个轴向位置，在风力机风轮后方形成 9 个连续的测试窗口，图像采集面积为 200mm×200mm，窗口间隔为 150mm，测试窗口间重叠度为 20%。对于 Sd2030 翼型两叶片风力机模型，采集了 9 个轴向位置的数据，而对于 NACA4415 翼型叶两片风力机模型，同样采集了 9 个轴向位置的数据。在每个轴向位置处，选定的来流风速为 8m/s、9m/s、10m/s、11m/s、12m/s、13m/s，尖速比为 4、4.5、5、5.5、6。考虑到采样频率过高时，单帧激光能量减弱会影响流场测试质量和测试数据数量这两个条件，采样频率定为 1000Hz 与 2000Hz，选定拍摄样本数定为 1000 张。

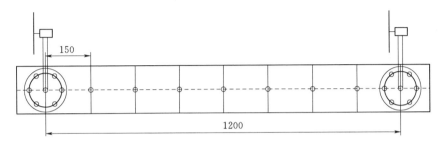

图 3-19　风力机模型轴向移动图（单位：mm）

3.7　本章小结

本章通过对测试对象、测试设备及辅助设备、实验方案的详尽介绍，明确了本研究的实验内容和技术路线，并设计出了一套基于多物理场耦合行为的风电系统特性研究实验方案，为后续章节的实验研究与分析奠定了基础。

第4章

试 验 测 试 结 果 分 析

  永磁发电机和风轮作为能量转换"心脏",两者匹配效果直接决定风电系统的效率。本章针对不同结构发电机与不同翼型风轮正交组合匹配风电机组,开展基于多物理场耦合作用的系统特性研究,旨在得到各影响因素的相关性及解耦条件。实验测试具体实施过程为通过阻—感一体负载调节叶尖速比、来流风速而改变温度场、电磁场、流场三场的耦合程度,进而获取不同耦合状态下的各场特性及实时输出特性,并获取评价电能质量的相关指标,如电流和电压谐波畸变率、电压负序和零序不平衡度、功率因数等变化情况,同时与加装储能设备的系统特性对比分析。

4.1 风轮与发电机匹配特性实验研究结果

  风轮与发电机达到最佳匹配时,风能利用系数最大。但在大风情况下,受风轮叶片载荷、噪声和电气设备适用功率范围及发电机功率极限容量的限制,希望通过降低风能利用系数和发电机效率而使两者达到最佳匹配,以保持预期的输出功率。为了分析风轮与发电机的实际功率匹配情况,将风轮的 $P - n$ 曲线分为三个区域,即峰前区域、峰值线和峰后区域。各风速下的最大功率点连线为峰值线即最佳功率负载线,各风速下峰值点对应的转速为最佳转速 n_j,各风速下 $n < n_j$ 的部分为峰前区域,$n > n_j$ 的部分为峰后区域,如图4-1所示。

  由图4-1可得,只要发电机的输出功率曲线与峰值线重合,发电机与风轮就达到最佳功率匹配,即发电机的输出功率曲线越接近峰值线说明发电机与风轮越好地协调匹配工作。从最大风能利用角度出发,希望发电机运行在风轮的最佳功率负载线上。实际上,发电机的工作区域不同,在转速较低时发电机在峰值线前的局部区域工作,转速较高时发电机在峰值线后的局部区域工作,即发电机的输出功率曲线与风轮峰值线重合只能发生在与额定转速接近的

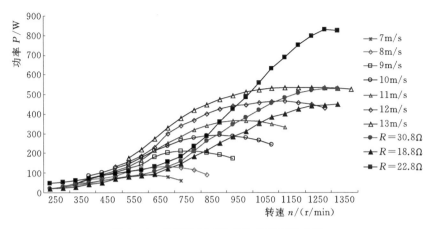

图 4-1 负载控制下的最佳功率匹配曲线

一段区域。此外，负载大小也决定着发电机输出功率曲线与峰值线的接近程度。由图 4-1 可得负载值为 22.8Ω 时的发电机输出功率线最接近峰值线，增大和减小负载值，均会使功率线偏离峰值线，也进一步说明了 22.8Ω 为该发电机的最佳携带负载。总之，输出特性好的发电机与输出特性好的风轮组合后并不一定能达到理想的效果，风轮和发电机组合后能否提高风电机组的整体性能不是由单一因素决定的，而是由发电机的结构、技术参数、风轮翼型等因素共同作用产生的综合效果。风力发电机组的设计还应考虑整机的结构动力学问题，以便机组在运行过程中避开系统的自振频率。

上述的匹配试验研究的目的是使整机具有最佳输出特性，以便在最佳输出特性下研究发电机的电磁场和温度场分布，进一步优化发电机结构。其主要表现如下：

（1）输出功率 P。峰值线前应具有最大功率追踪能力；当达到额定功率后，随着转速的增大，输出功率变化很小，应具有保持功能。

（2）转矩 M。为了充分利用低风速段，微风就能发电，启动转矩越小越好，整个过程希望风轮能够为发电机提供所需转矩。

（3）输出电压 U。若负载为阻性整流负载且可为铅酸蓄电池充电，由于蓄电池电容的作用，自身能保证负载变化时，电压不突变效应；若负载为三相对称感性负载时，电机应具备自身稳压能力。

（4）输出电流 I。输出电流随着风速和负载的变化正弦畸变率越小越好，以便谐波含量降低，使不可避免的损耗尽可能地减小，最主要的是减少铁芯和永磁体涡流损耗。

（5）效率 η。使用发电机应追求高效率，不能一味地为了利用大风速、大转速及携带大负载而降低效率、增加热负荷，从而缩短发电机寿命。

（6）自身保护功能。发电机超出额定转速运行时，除了具有强过载能力，自身结构应具有生热少、散热强的良好保护功能。

4.2　发电机温度场测试分析

本节基于上述匹配特性实验研究结果，以 400W 样机为测试对象，在测试误差容许范围内，实时实地监测了不同运行工况对应各部件的温度分布，从而获得接近真实值的测试值。永磁风力发电机特性除用一些额定参数表示外，还有众多在工作过程中变化的参数，如风能利用系数、叶尖速比及电压调整率等，本章只考虑叶尖速比和电压调整率以及两者之间的关系。

将 FLIRT-200 红外热成像仪、EDA9033G 数据采集器、ZH07 型转速转矩传感器及 ZHK-D 型数字式转速转矩测量仪有机结合为一体，有效地实时监测了不同工况下该发电机绕组电流值和各部件的动态温度场，温度分布更加可视化。

1. 实验方案

（1）在不影响永磁风力发电机运行性能的前提下，将样机背风面端盖上切开一对椭圆形小孔，如图 4-2 所示，使其机壳内部各部件可见，以便在电机旋转过程中红外热成像仪可采集到各部件的温度场。

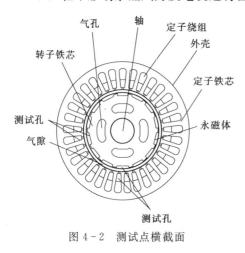

图 4-2　测试点横截面

（2）确定负载范围。将 EDA9033G 数据采集器及时监测到的输出功率与 ZHK-D 型数字式转速转矩测量仪所显示的轴输入功率相比，可得到永磁风力发电机的瞬时效率。以获得最大效率为目的，得出该电机携带负载的最佳阻值为 12.8Ω。因此，本研究将携带负载阻值限制在 0～18.8Ω。

（3）电流密度在最大值和最小值之间变化时，分别采集各部件的温度场。

（4）开孔后电机散热功能增强，使其各部件温升延缓并减小，因此需将测得的各部件温度值进行修正。

2. 实验测试点布置

利用红外热成像仪对电机外壳表面、定子及转子磁钢共计 90 个不同区域进行测试。其测试区域三维坐标轴定义为：与电机旋转轴垂直且通过红外垂直测试外壳前端盖最佳位置处所对应平面定义为电机旋转平面，电机旋转轴与该平面的交点为电机旋转中心,设置为坐标原点 0;通过原点与测试散热肋片的红外线平行的轴为 x 轴并且取红外线反方向为 x 轴的正向;通过原点垂直试验台架平面的轴为 y 轴,取向上为 y 轴的正向;通过原点垂直电机前后端盖面的轴为 z 轴,取垂直端盖面并前端盖向外方向为 z 轴的正向。考虑电机具有周期性对称结构,且忽略电机外壳散热的不均匀性,并假设电机沿轴向均匀散热,径向存在散热梯度,只对电机各部件 1/2 区域采集温度场分布云图和数据,布置测试点如图 4-3 所示。其中外壳表面 180°轴向每隔 30°布置一条测试线,每条测试线轴向总长 17cm,每 3.4cm 布置一个测试区,共计为 30 个测试区;16 个定子每个布置 3 个测试区,一个在定子中央,一个靠近外壳的端部即定子底部,另一个靠近绝缘子即定子顶部,共计为 48 个测试区;4 极磁钢每极布置 3 个测试区,沿径向均匀分布,共计 12 个测试区。本试验为了全面地探究小型永磁风力发电机不同工况及不同结构温度场的分布和热量传播规律,拟采用红外热成像仪在不同负载下,分别测试转速为 750~1300r/min,以 50r/min 的间隔历时 30min 后各测试区的温度场分布。为避免日光影响,采取了遮光措施。

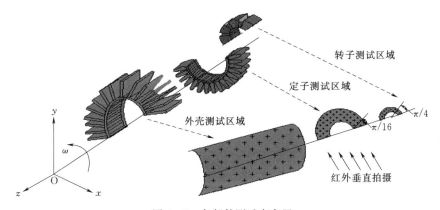

图 4-3 各部件测试点布置

3. 实验测试结果与分析

对三种结构电机的外壳、定子绕组、永磁体分别按照上述测试方案布置测试点,在不同运行工况下进行了测试,图 4-4 为电机携带负载总阻值为 6.8Ω、持续运行 15min 时的温度云图分布。

通过配套处理软件 FLIR Quick Report 的后处理,使温度色彩协调分布并采取十字定位标记各处的具体温度值。其中图 4-4(a)中绕组最高温度为138.1℃,磁钢最高温度为 115.8℃,此时外壳最高温度为 96.9℃。由图 4-4(c)和图 4-4(d)可得,在机壳表面,顺着来流方向温度逐渐降低,最高温度始终出现在径向表面,且随着温度的升高,最高温度点顺着来流方向逐渐移到

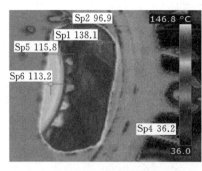

（a）开孔后的定子绕组　　　　　　　（b）开孔后的永磁体

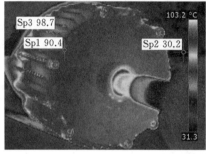　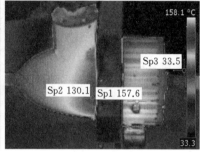

（c）外壳轴向　　　　　　　　　　　（d）外壳径向

图 4-4　各部件 FLIRT 采集温度云图分布

塔架处的电机下表面，出现了局部高温运行状态，这将会引发永磁体局部退磁现象。各部件温度分布呈现出定子绕组、定子铁芯、外壳、磁钢、转子铁芯由高到低的温度分布规律，且温升越高，温差越大。

电机携带负载总阻值变化范围为 $0\sim18.8\Omega$、电流密度达极限且持续运行 15min 后温度值趋于稳定。在开孔后，所测外壳最高温度为 87.6℃，未开孔前相同工况下所测同样位置最高温度为 107.1℃，其各部件最高温度值见表 4-1。考虑开孔散热增强，将所测各部件温度值近似作等值修正，以便接近真实值。由表 4-1 可得温度由高到低依次为定子绕组、定子铁芯、磁钢、转子铁芯、外壳，且温升越高，各部件温差越大。

表 4-1　　　　　　　　　　各部件最高温度值　　　　　　　　单位：℃

位置	实测温度	修正值	实际温度
定子绕组	131.30	19.50	156.80
定子铁芯	112.40	19.50	131.90
磁钢	109.90	19.50	129.40
转子铁芯	105.00	19.50	124.50

　　将红外热成像仪所采集各部件温度值整理后，采用专业后处理软件Tecplot 处理分析，使温升规律更加明显。由于各部件温度分布规律随运行工况变化基本相同，现以外壳温度分布为代表寻找规律。图 4 - 5 为转速在 1000～1300r/min、间隔为 100r/mim 时，温度随负载和时间变化的 3D 球形散点分布，通过球形的大小和颜色深度来区分温度分布和温度值。图中体积最大、颜色最深的球为最高温度值，出现在电流密度最大即最大转速、最小负载和时间间隔最长的运行状态。在负载和时间间隔相同时，温升随发电机转速增大而不均匀地增大，且在高转速时，温升随转速的变化率更大；在负载相同时，温升随转速和时间间隔的增加而增大，转速为 1300r/min、负载为 6.8Ω、运行持续时间为 15min 时温度值最高。

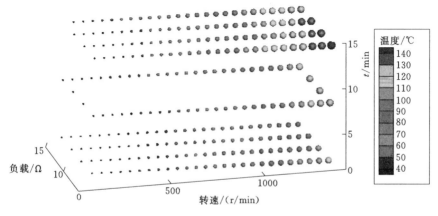

图 4 - 5　3D 球形散点分布图

　　图 4 - 6 为温度值为 40～140℃、间隔为 10℃ 的等温面温度梯度图。同一温度值所出现的状态可能完全不同。从等温面的凹凸形状来看，同一位置的温度值在低转速、小负载、持续长时间运行时完全可能与高转速、大负载、运行时间短时相等；即在高转速下温升不一定高，携带负载多、总阻值小时温升也可能不高，运行时间长，温度也可能在允许范围内。综合以上分析可知，引起永磁风力发电机运行温度超标的因素较多。温升是一个综合参数，而不是只由某一个量来决定。要限制温升，从运行工况角度考虑，就要避免携带多负载、小负载，杜绝短路运行；应避免电机转速超过 1.5 倍额定转速且长时间运行，以防出现高温运行状态。

　　综合上述实验测试，获得了绕组、铁芯、气隙、转子轭、磁钢等部位的温度场分布，总结出如下规律：

　　（1）升温过程中最高温度均出现在定子绕组处，由此可知，高功率密度永磁风力发电机热损耗主要由铜损造成。永磁体靠近转子外缘处的温度可达

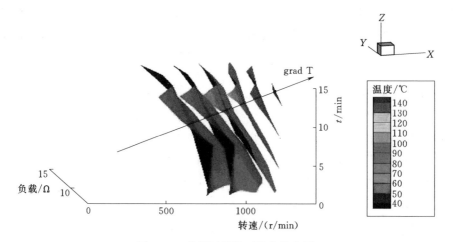

图 4-6　高温区等温面温度梯度图

116℃，为减少高温对永磁材料性能的影响，有必要增加轴向通风等冷却方式；最低温度均出现在机壳表面处，定子绕组、磁钢、转子铁芯、机壳表面温度依次递减，其最高温差可达 43.7℃。

（2）随着温升的增大，温度场分布更加不均匀，并出现局部高温，更易导致永磁材料局部不可逆退磁。计算与测试均表明，由于发电机绕组外包绝缘材料，且处于深槽中，散热条件最为恶劣，所以定子绕组温度最高，且温度最高点位于下层绕组中心。

（3）绕组周围绝缘材料导热系数对温度场分布影响较大，提高绝缘材料导热系数可明显改善散热效果。

（4）气隙两侧表面散热系数的变化对转子温度场影响较大，准确确定表面散热系数是提高温度场计算精度的有效途径。

4.3　发电机外围冷却流场测试与分析

风力机之间的尾流干扰主要带来两个影响，一是由于尾流流场中的速度损失而造成风力机发电功率减少，二是由于尾流流场中较高的湍流度而带来的风力机所受疲劳载荷增加。根据风电场中的风力机的排布位置以及风的条件，风力机完全处于尾流流场中的下游，其功率损失容易达到 40%。当平均了各种不同风向时，陆上风电场的功率损失大概为 8%，而海上风电场的功率损失大概为 12%[190]。为了保证每台风力机的功率不受到影响，理想情况下应该在风电场规划时使风力机之间的间距尽量大，这样不仅避免风力机之间尾流相互影响，而且减少了因为尾流影响所增加的维修费用。但是，这样风电场的面积会进一步加大，减少土地利用率，使经济成本大大提高，因此在保证风力机输出功率的前提下应该合理地减少风力机布置间距。因此，为了最大限度地减少风力机功率损失，提高风电场效率，开展对风电场风力机尾流场结构特征及其影响因素的研究是必要的。

本节利用高频 PIV 分别采集了 Sd 翼型和 NACA 翼型两叶片风力机模型的 4.5 倍风轮直径内的尾迹流场数据，并对其流场内的流速、涡量及流场结构进行了分析。

实验设备布置如图 3-18 所示，激光束通过光臂底座折 90°角，经过光学镜头变换成激光面，激光面垂直水平面并通过风轮旋转轴线，高速采集 CMOS 相机水平摆放在风洞外与激光面垂直的一侧，透过有机玻璃窗捕捉拍摄区域的图像。

如图 4-7（a）所示为相机的拍摄区域示意图，图 4-7（b）为采集的原始图片。图中拍摄区域下缘与电机下缘相切，水平向尾迹下游为 x 轴正方向，垂直向上为 y 轴正方向，通过风轮叶尖前缘点和风力机轴心线并与水平面垂直的平面为零度方位面，拍摄区域长宽尺寸为 200mm×200mm。

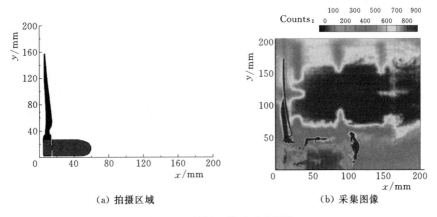

（a）拍摄区域　　　　　　　（b）采集图像

图 4-7　拍摄区域及采集图像

测试前要对系统进行标定，首先要使激光面通过风力机模型轴心并与水平面垂直，然后将标定靶盘放入风力机后方，待测区域与测试窗口重合，标定靶盘一端有反射镜，能够保证激光面与标定靶盘在同一平面上以及激光面是否垂直。靶盘标定参数见表 3-5。

标定完成后开始拍摄，激光会打出片光源，片光源垂直地面并通过风轮旋转轴线。高速采集 CMOS 相机水平摆放在风洞外与激光面垂直的一侧，透过有机玻璃窗，进行拍摄。整个实验过程中高速相机与激光光源位置固定不动。

拍摄期间相机的位置固定不动。采用锁相定位系统，定义其中一只叶片为参照叶片，当此叶片叶尖前缘点与旋转中心的连线与激光平面重合时定义为 0°，当参照叶片旋转至预设的角度时开始拍摄，直至拍摄完预定样本数然后停止。

4.3.1　速度场分布特征分析

对风力机尾迹区域内径向和轴向速度分布进行分析，寻找外部主流区向中央尾迹区的掺混规律及尾迹结构发展规律，对风力机尾迹精确建模具有指导意义。试验中利用锁相定位技术，拍摄风轮下游 4.5 倍风轮直径内的尾迹流场信息，在每一个测试窗口采集 1000 张图片，并对每一个窗口的数据做时间平均。

叶片叶尖位置的流体受到压力面与吸力面间压差的作用，以及风轮旋转产生的流体圆周运动，使得叶尖涡以螺旋涡管形态特征向尾迹下游传播，从而形成了非常复杂的三维非定常尾流结构。图 4-8、图 4-9 为来流风速 $V=10\text{m/s}$、叶尖速比 $\lambda=5$，轴向位置为 1 号测试窗口处的平均速度场云图以及速度场云图（对该测试窗口 1000 张速度场云图取平均）。

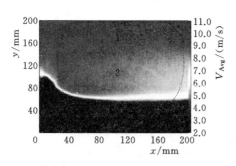 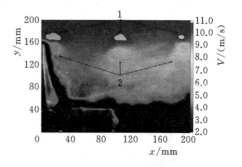

图 4-8　平均速度场云图 图 4-9　速度场云图

1—叶尖涡诱导效应区；2—中央尾流区 1—风速增益区；2—风速亏损区

如图 4-8 所示，就发电机外围流场范围，可以把尾迹流场分为以下区域（在径向方向从上到下）：外部主流区，流体速度的大小和方向与来流风速基本一致（叶尖涡诱导效应区以外）；中央尾流区，空气流过风轮一部分能量用于风轮做功使得流体速度小于来流风速；机舱尾流区，机舱的存在影响了尾迹流场，使得流体速度远小于来流风速。

在中央尾流区把叶尖涡区域称为叶尖涡诱导效应区，该区域以叶尖涡涡核中心为分界，形成了在径向方向上下对称的速度幅值增大和减小区域，如图 4-9 所示。由于流体黏性的存在，叶尖涡上半部分旋转方向与来流风方向一致，使得速度幅值增大，从而形成了风速增益区；而叶尖涡下半部分旋转方向与来流风方向相反，使得速度幅值减小，从而形成了风速亏损区[192]。

4.3.2 尾迹流场流动特征分析

为了直观分析尾迹流场整体的速度场结构特征，利用 Tecpolt 软件对所测试的 9 个窗口的数据进行了拼接，每一个窗口的数据是连续拍摄的 1000 张图片做时间平均获得的，以保证每个窗口的数据具有同一性。

图 4-10 为风速 $V=10\text{m/s}$，不同叶尖速比时的轴向平均速度云图，其中包含了风力机尾迹中轴向速度衰减和恢复的过程。几乎在所有区域内尾迹中心的轴向速度最低，沿径向逐渐增大，并且流速有分层现象，空气流经风轮后速度缓慢降低，然后外部主流区流体与尾迹流掺混使尾迹轴向迹速度逐渐恢复。对比分析图 4-10（a）和图 4-10（b）可知，随着叶尖速比的增加，尾迹流场掺混加剧，且尾迹区的轴向流速恢复得更快。

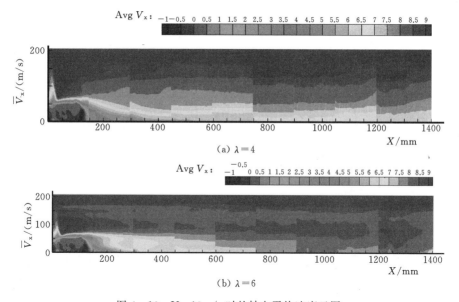

图 4-10 $V=10\text{m/s}$ 时的轴向平均速度云图

定量分析不同尾迹位置处轴向平均速度的分布规律，如图 4-11 所示。无论 $\lambda=4$ 还是 $\lambda=6$，在风轮后方靠近风轮处轴向速度的变化趋势相似。首先，风通过风轮在后方出现轴向速度减小现象，这与风的节流膨胀有关，但在膨胀过程中叶片后方受到发电机的影响，轴向速度稍有回升；接着，风力机尾迹中的轴向速度回升，这与尾迹被周围流体压缩有关；然后，空气在向下游流动的过程中，由于尾流中外部主流区的掺混，轴向速度慢慢恢复。期间，$\lambda=6$ 的轴向速度恢复更快，尤其是相对半径为 $0.4R$ 处，甚至超过了相对半径是 $0.7R$ 处的轴向速度。

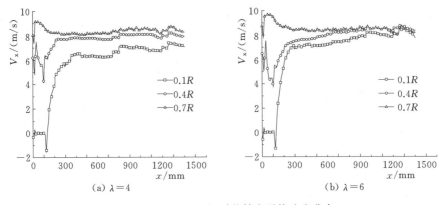

(a) λ＝4 (b) λ＝6

图 4 - 11 $V＝10\mathrm{m/s}$ 时的轴向平均速度分布

图 4 - 12 为风速 $V＝10\mathrm{m/s}$，叶尖速比 λ＝4、λ＝6 时的径向平均速度云图。与轴向平均速度相比，径向平均速度要小很多，并且绝大多数为负值，即在风轮后方流体延径向的流动方向是从外部主流区向中心尾迹区流动。

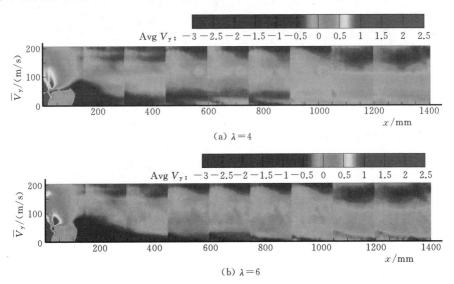

(a) λ＝4

(b) λ＝6

图 4 - 12 $V＝10\mathrm{m/s}$ 时的径向平均速度云图

定量分析尾迹内的径向平均速度分布规律，如图 4 - 13 所示。在毗邻风轮后方处，由于风轮的节流膨胀作用使尾迹压力突然降低，不同相对半径位置的径向速度分布规律相似且均为正值，随着空气向下游流动，径向速度逐渐减小直至变为 0。越靠近尾迹中心位置节流作用越明显，由图 4 - 12 可知，$0.1R$ 处径向速度最大，而 $0.9R$ 处径向速度最小。其中，在 120mm 附近，$0.1R$ 和 $0.4R$ 位置的径向速度出现了急剧大幅度减小的情形，这是因为此处正好位于

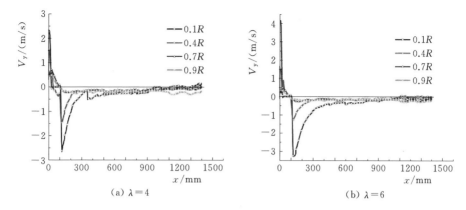

图 4-13　V=10m/s 时的径向平均速度分布

发电机后端面，沿着发电机壳体流动的空气在此位置发生向下绕流。

　　然后，在外部主流区高压力的作用下，尾迹内压力逐渐恢复、尾迹收缩，径向速度随之减小，不同相对半径位置的径向速度分布显现出不同特征。在 0.9R 相对半径位置，空气向下游流动的过程中径向速度一直为负值，证明外部空气在该位置处持续流入，由此可以判断，0.9R 相对半径位置所处的叶尖涡诱导效应区具有将外部主流区的空气输运进入尾迹中央区域的能力；在 (0.1～0.7)R 相对半径位置，空气向下游流动的过程中径向速度先逐渐减小，随着叶尖涡诱导效应区输运作用的积累，进入尾迹中央区域的空气越来越多，并与尾迹内的空气掺混，促使尾迹内压力继续升高，径向速度随之增大，并在更远的下游变为正值，尾迹开始膨胀。

　　由以上分析可知，风轮的节流作用使毗邻风轮后方的尾迹膨胀、压力突然降低，然后，在外部主流区高压力的作用下，尾迹内压力逐渐恢复、尾迹收缩。随着空气继续向下游流动，在叶尖涡诱导效应区的输运作用下，外部主流区的空气持续进入尾迹中央区域，从而使此区域内的空气压力继续升高，尾迹再一次膨胀。

4.4　电能质量测试与分析

　　本研究以小型风电机组电能输出测试以外特性测试为基础，进而针对整机、风轮与发电机分离两类条件开展电能质量实验研究。为依据测试数据确定实际电能质量情况，需基于国内外标准对测试数据有效筛选和处理，以量化电能质量指标，进而探究小型风力发电机组电能质量的影响因素及其关联性。

系列Ⅰ～Ⅳ永磁发电机均是梨型槽，之间不仅存在生产工艺的差异，更有额定功率、额定转速、极对数等固有参数方面的不同，见表 3-2。

测试选用的两种风轮翼型均在 NACA 系列翼型基础上改进后重塑而成。其一为初始改进翼型，其二在初始翼型基础上作开槽设计，为描述方便按次序称为 N1 翼型和 N2 翼型。

4.4.1　谐波畸变率分析

图 4-14 为系列Ⅰ发电机电流谐波畸变率（THD_i）、电压谐波畸变率（THD_u）测试结果。

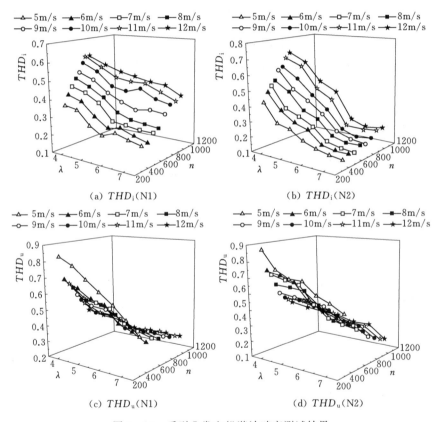

图 4-14　系列Ⅰ发电机谐波畸变测试结果

图 4-14（a）和图 4-14（b）较为直观地表明，永磁发电机易产生一定量的谐波电流，来流风速 V 一定，电流谐波畸变率 THD_i 与叶尖速比 λ 呈现负相关特性，且当 λ 相同时 THD_i 随 V 增大而增大。鉴于永磁发电机内部谐波电流的成因为其气隙磁场的气隙磁通密度存在谐波分量，气隙主磁通增大使

得气隙磁通密度的谐波分量也会增加。而气隙主磁通与永磁体磁通成正比，相同发电机转速下电磁转矩与永磁体磁通量成正比。此外，V 和 λ 一定时，采用 N1 翼型较采用 N2 翼型风轮的风电机组电流谐波畸变程度更小，翼型差异主要引起 C_p 值的变化。外特性测试结果表明，N1 翼型风轮 C_p 值在各工况下均高于 N2 翼型，即前者呈现更好的气动特性，在功率利用方面较优，低损耗使得谐波分布概率也小，THD_i 较低。

图 4-14（c）和图 4-14（d）为系列 I 发电机组电压谐波畸变率 THD_u 变化规律曲线。来流风速 V 一定时 THD_u 与叶尖速比 λ 同样呈负相关变化关系，且随 V 增大 THD_u 下降趋势减缓。此外，λ 相同时随 V 增大 THD_u 呈现减小趋势，与 THD_i 的变化规律不一致。谐波电流在流经线路负载时在线路两端将会产生谐波电压，即谐波电压为谐波电流与负载阻抗的乘积。随 λ 增大负载阻抗呈现增大趋势，因此 THD_u 与 THD_i 的变化趋势一致。但当 V 增大时基波电压的增大幅度远高于谐波电压，谐波畸变率将呈现下降趋势，且随叶尖速比变化的幅度减小。采用 N1 翼型时的 THD_u 低于采用 N2 翼型时，且由 THD_i 与负载乘积决定。

4.4.2 不平衡度和功率因数分析

负序不平衡度 ε_{U2} 可以较好地表征电能质量的三相不对称性，且功率因数 $\cos\varphi$ 对风电机组电能质量优劣较为重要。图 4-15 为系列 II～IV 不平衡度及功率因数测试结果。

图 4-15（a）～（c）的 ε_{U2} 测试结果表明，系列 I～III 发电机输出三相不平衡度差异较小，且 ε_{U2} 值均显著高于系列 IV 发电机，系列 I～III 极对数均为 5，而系列 IV 为 4，因此预测造成此结果的主要原因为发电机极对数变化。根据发电机转速与电频率关系式 $n=60f/p$，当风电机组转速确定时，输出电流频率与极对数成正比，即由于系列 IV 发电机极对数较小，相同工况输出的电流基波频率较小，相应谐振频率降低，导致三相不平衡程度减轻。

图 4-15（d）～（f）描述了系列 I～IV 发电机功率因数 $\cos\varphi$ 测试系列在 $\lambda=5.0$ 时产生峰值存在的差异。系列 I 发电机额定转速达到 720r/min，系列 II～IV 仅为 360～400r/min，因此在较低叶尖速比下阻性、感性负载组合后 $\cos\varphi$ 值最优。此外，V 相同时系列 I、II 发电机 $\cos\varphi$ 值相近且随 V 减小降幅也相近，但其大小和降幅均高于系列 III、IV，其中系列 IV 值最小。各系列永磁发电机额定功率的区别引起上述差异。由于在较低风速下系列 III、IV 输出有功功率难以达到发电机额定功率，无功功率比例相对较大，因此功率因数较低，当 V 减小或额定功率增大该变化将更显著。

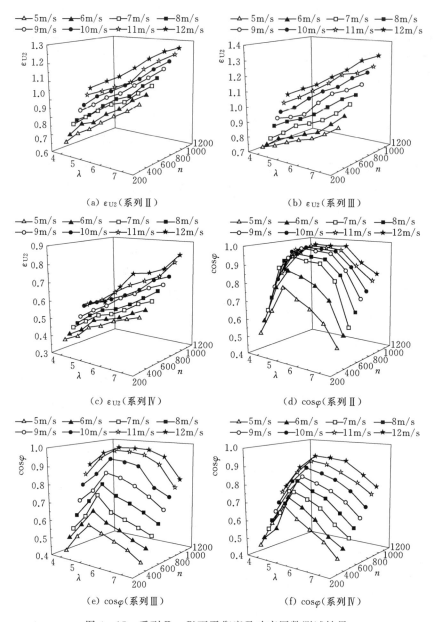

（a）ε_{U2}（系列Ⅱ）　　　　（b）ε_{U2}（系列Ⅲ）

（c）ε_{U2}（系列Ⅳ）　　　　（d）$\cos\varphi$（系列Ⅱ）

（e）$\cos\varphi$（系列Ⅲ）　　　　（f）$\cos\varphi$（系列Ⅳ）

图 4-15　系列Ⅱ～Ⅳ不平衡度及功率因数测试结果

4.4.3　功率脉动率分析

为全面分析三种永磁发电机输出功率特性，以功率脉动量 ΔP 和功率脉动率 P_R 为评判功率脉动的主要指标，进一步分析输出功率的脉动特性。图 4-16 为

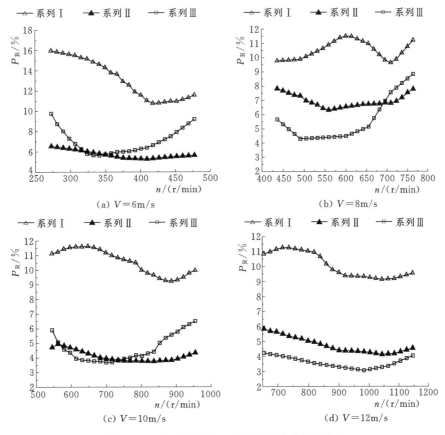

图 4-16 典型风速下三种发电机的功率脉动率

典型风速下三种发电机的功率脉动率 P_R。

由图 4-16 可以发现,系列 I 永磁发电机在全风速下,功率脉动率 P_R 指标均处于较高值,脉动幅度和脉动分量含量均较高;系列 II 和系列 III 永磁发电机功率脉动指标变化幅度差别较小,均处于较低值,且当转速升高时,功率脉动指标整体变化趋势较平缓。结合三种发电机输出总功率 P 的变化趋势进行分析,虽然系列 I 永磁发电机输出总功率 P 为三种系列中的最佳,但其输出功率脉动特性恶化明显,输出功率稳定性为三种系列中的最差。系列 III 发电机功率脉动指标均较低,说明其具有较佳的功率稳定性,但由于局部退磁老化现象,导致其输出总功率较低,风电机组运行经济性较差。系列 II 发电机输出总功率虽然不是三种机型中最佳的,但其输出总功率的最大值和平均值与系列 I 发电机相差较小,输出总功率随转速呈线性正相关,且该系列发电机功率脉动指标均较小,脉动性较稳定,综合考虑永磁发电机的经济性和稳定性,系列 II 永磁发电机兼顾了经济性且具有较强的功率稳定性。

4.5　储能特性测试与分析

　　根据 3.5 节的实验装置对蓄电池进行充放电实验研究，使用 Fluke 采集装置和 DH5902 数据采集系统对各种电信号和功率信号等进行实验数据采集，并使用相配套的软件系统进行数据处理，具体分析如下：

　　充电电压、电流变化曲线如图 4-17（a）所示，铅酸蓄电池充电时初始电压为 49.7V，随着充电时间的增加而增加，当电压增加到 57.4V 时电压不再增加，蓄电池达到饱和。充电电流随着充电时间的增加而减小，在 9.2h 时电流从 4.6A 降到 3.2A，表明蓄电池已快接近充满阶段，并且电流还在快速下降，进入浮充状态。图 4-17（c）中在 9.2h 时充电荷电状态 SOC 变化趋于平缓，也表明蓄电池接近饱和状态。蓄电池初始 SOC 值为 0.38，整个充电过程 SOC 的变化量为 0.62。当蓄电池电量达到饱和状态时，整流器采用脉冲宽度调制（PWM）控制方式控制充电，既能够对蓄电池进行有效充电，又可以

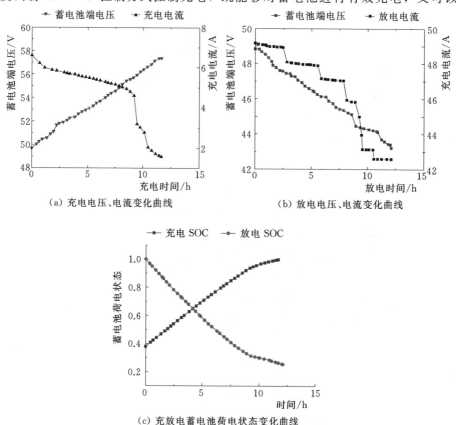

（a）充电电压、电流变化曲线　　　　（b）放电电压、电流变化曲线

（c）充放电蓄电池荷电状态变化曲线

图 4-17　铅酸蓄电池组充放电变化曲线

防止蓄电池过充，进而延长蓄电池的使用寿命。蓄电池处于饱和状态且负载接入较小时，整流器的卸荷器对电路进行卸荷来保护蓄电池过充。

对满电状态下的蓄电池进行放电，如图 4-17（b）所示。铅酸蓄电池放电时初始电压为 48.8V，随着放电时间增加而减小，当电压减小到 43.2V 时不再减少以保护蓄电池过放。放电电流采用阶梯式放电，初始放电电流为 8.2A（受采集装置限制放电电流不宜过大），呈阶梯式下降，在 8.9～9.5h 电流下降了 1.85A。蓄电池放电荷电状态 SOC 如图 4-17（c）所示，随着时间的增加不断下降，在 8.9h 时变化趋于平缓，SOC 为 0.25 时蓄电池结束放电，整个放电过程 SOC 的变化量为 0.75。

4.6 本章小结

本章结合实际运行情况，借助第 3 章各测试模块所设定的测试方案，具体实施了测试过程，并将测试结果做了详尽分析，分析表明：风电系统组成结构各参数及运行条件均决定其物理场耦合程度及耦合系数，同时证实多物理场耦合行为影响系统输出特性，其中包括衡量产能效率和电能质量的指标参数。因此，多物理场耦合是一个复杂过程，也是多学科交叉问题，要明确不同工况下的耦合特性及解耦条件，需要不断尝试和探索，反复实验论证与分析。

第 5 章

数值模拟计算结果分析

永磁发电机常应用于小型风电系统，虽然具有功率密度高、结构简单、效率高等诸多优点，然而其磁场的控制性小，且随着运行条件的变化，内部电磁场、温度场及流场等物理场间存在不同层度的耦合与制约关系，使得电磁场非线性变化程度增大、涡流效应增强，若流场旋转运动而没及时散热，发电机运行温度会攀升，永磁体部分失磁，导致磁场畸变、有效区域磁通密度削弱，使得涡流损耗逐渐增加，温升进一步增大，从而恶性循环，多场进入深度耦合状态，引起风电系统的产能效率、电能质量等特性下降。因此，准确定位电磁场、温度场、流场间的耦合关系，避免多场深度耦合是提升系统特性的关键。本章对照第 4 章实验结果，对系统各单场、多场耦合、场路耦合、输出电能质量和储能特性进行了数值模拟和仿真分析，旨在对比实验结果，获取各耦合因素的关联规律，为探索多场耦合的解耦措施提供可靠依据。

5.1 发电机温度场计算分析

小型永磁风力发电机运行过程的损耗大致可分为定子铜损、铁损、转子涡流损耗、机械损耗及电气附加损耗，其中前三项损耗是总损耗的主要部分，本书在第 2 章对其分类进行了研究。由于所有的损耗几乎都以发热的形式表现出来，因此温升效应成为衡量发电机性能的重要指标。为确保发电机安全、高效、稳定运行，需保证其各部件在额定温度下工作。本节针对总损耗引起的温升特性，以 4.2 节在不同工况、不同结构及发电机不同部位分别测试值作为计算温度场的对应载荷，通过计算寻找各部件的动态温度分布规律及其影响因数，并与对应实测值对比分析。

由于发电机具有周期性对称结构，基于传热学原理，在不失温升规律时为了减少计算量，运用 Ansys 有限元分析软件建立 32 槽 8 极发电机的半对极距的 1/8 区域三维有限元模型；并考虑定转子间气隙随转速的流动状态，确定磁钢表面和定子内表面换热系数和气隙内空气的有效导热系数；提出求解域内的基本假设及相应边界条件，各部件对应加载后，分别计算三种不同定子结构的温度分布，得到运行时准稳态的三维时均温度场分布云图及其热量传输路径矢量分布；得出发电机在不同工况下运行时内部温度变化梯度，进一步反映出风力发电机的温升是运行工况和固有结构综合作用的结果表象；提高温度场计算精度可准确寻找温升规律和影响因素，可为降低全封闭式小型永磁发电机故障率提供可靠依据。

5.1.1 温度场模拟计算条件

小型永磁风力发电机体积小、功率密度高、无风扇、无专门的通风冷却系统，热量只能由内向外依靠机壳表面自然风流动散热。为了求解电枢绕组、铁芯、气隙和磁钢等的温升，并获取电机稳态运行时永磁体的温度，对电机温升设计进行有效校核，只考虑主要因素，在计算前做如下假设：

（1）转子与气隙之间的散热面 S_3 上各点环境温度相同。

（2）气隙沿轴向、径向完全对称，铁芯段之间不存在热交换，而两端部绕组温度场分布情况完全一致，冷却气体温升相同。

（3）电机内原始发热体为上、下层绕组，运行过程中随着温度升高，铁芯、转子磁轭和永磁体也成为发热部件，并假设均匀发热，其他部件无损耗。

（4）电机内部热流量方向为轴向，且温度场近似三维时均场。

（5）考虑定子绕组铜耗时，忽略涡流效应对每根导线的影响。

（6）忽略极弧系数对温度分布的影响。

本书采用 plane55 热分析单元进行温度场分析，其自由度是温度。采用自上而下的建模方法建立了不同槽型发电机的全域实体模型，利用电机周期对称结构，只建立 1/8 即 1 个磁极范围的模型；由于电机网格剖分直接影响计算精度，所以本计算采取分区域剖分，即定子、定子铁芯、气隙、磁钢及转子铁芯分别通过 Global Set 设置到所需要精度，不同区域精度不同，温升变化大的地方网格划分较密。此外，本计算各部件材料属性不同、综合结构复杂、边界条件和对应载荷也不同，选取了 20 节点六面体的 SOLID90 热单元类型，使每个节点具有一个温度自由度，且该单元类型具有协调的温度形函数，对电机弯曲的边界较适用。有限元模型建立后，决定计算结果的参数还有导热系数、散热系数、边界条件的设定及载荷的施加，本研究结合实际和试验结果，各材料导热系数见表 5-1。

各部件表面散热系数 α 由诸多因素决定，与其表面温度、气隙的温度及气隙的转速等物性参数均有关系，因此，准确计算电机各部件的 α，必须使三维流场与三维温度场耦合联立求解。本研究采取流场与温度场独立计算，由于主

表 5-1			电机材料的导热系数			
材料	硅钢片	线圈绕组	磁钢	转子轭	空气	槽楔
导热系数 λ /[W/(mm·℃)]	0.0514	0.376	0.0019	0.046	0.0028	0.0003

要考虑全封闭结构因温升问题引起的永磁体磁性能热稳定性，所以采用 CFX 流场分析软件分别计算了 $n=450 \mathrm{r/min}$、$n=550 \mathrm{r/min}$、$n=650 \mathrm{r/min}$、$n=750 \mathrm{r/min}$、$n=850 \mathrm{r/min}$、$n=950 \mathrm{r/min}$ 6 个转速下的气隙线速度分布。如图 5-1 所示为最低转速 $n=450 \mathrm{r/min}$ 和最高转速 $n=950 \mathrm{r/min}$ 的气隙速度分布矢量图。其他转速下的分布类似，只是值大小不同。

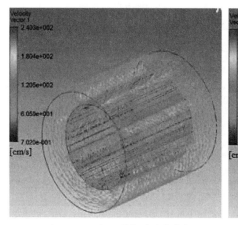

(a) $n=450 \mathrm{r/min}$ 的气隙速度分布　　(b) $n=950 \mathrm{r/min}$ 的气隙速度分布

图 5-1　气隙线速度随转速变化矢量图

由图 5-1 可以看出，气隙内靠近转子表面处的流体由于黏性力作用，随转子一起旋转，转速最高；离转轴越远，线速度越低，在定子内圆表面最低。这样，转子表面气隙线速度也可通过 $n-v$ 对应关系求出，但定子内圆表面气隙准确的线速度只能通过流场计算获得。

图中气隙内流体速度整体呈轴对称分布，两磁钢之间 AB 绝缘胶处由于结构和材料特性，使得速度矢量分布密集且不规整，但不影响整体分布规律。也可看出，转速不同流场速度分布规律基本相同，说明仍为层流，对气隙导热系数影响很小可忽略，但气隙间定转子表面散热系数存在差异，因为气隙内介质不仅要受转子切向运动影响，还要受定子内圆表面阻滞作用。一种常用的电机定转子表面散热系数方程为[193]

$$\alpha_\delta = 28(1 + v_\delta^{0.5})\qquad(5-1)$$

式中　v_δ——表面气隙平均线速度，m/s；

α_δ——散热系数，$W/(m^2 \cdot \text{℃})$。

于是上述 6 个转速下对应定子内圆表面和转子表面的散热系数 α_δ 见表 5-2。可以看出，n 越大 α_δ 越大，且随着气隙长度的增大，由于定子内圆表面与转子表面气隙速度不同，因此两者 α_δ 也不同。

表 5-2 　　　　　　　　　　**定转子表面散热系数**

转速/(r · min⁻¹)		450	550	650	750	850	950
散热系数 $\alpha_\delta/[W/(m^2 \cdot \text{℃})]$	定子内圆表面	65.46	66.74	67.95	70.96	74.45	77.51
	转子表面	71.4	72.71	74.13	77.58	81.61	85.15

边界条件和载荷为求解导热微分方程的核心，且本研究为了使数值模拟与试验具有对比性，以试验工况施加边界条件和载荷。该温度场分析的边界条件如下：

第一类边界条件为

$$T_c = 25\text{℃} \tag{5-2}$$

第二类边界条件为

$$q_0 = \lambda \, \text{grad} T \tag{5-3}$$

式中　λ——定子线圈导热系数 $\lambda = 0.376 W/(mm \cdot \text{℃})$；

$\text{grad} T$——S_2 上的温度梯度。

又因　　　　　　　　$\text{grad} T = (T_1 - T_2)/d \tag{5-4}$

按照实测值，$T_1 = 146\text{℃}$，$T_2 = 80\text{℃}$，$d = 20mm$，由式（5-2）和式（5-3）得，$q_0 = 1.24 W/mm^2$；同理，第三类边界条件为：$T = 119\text{℃}$，$T_1 = 25\text{℃}$。

各部件设定好上述边界条件后，首先将温度偏移量 Toffst 设置为 273，以便输入温度值自动转化为摄氏度；计算时间长度设置为 7200s，每步 10s，然后加载。边界条件与载荷随着工况变化而变化，表 5-3 只给出各部件处于最高温度值时的温度载荷。

表 5-3 　　　　　　　　**各部件最高温度值时的温度载荷**　　　　　　　单位：℃

载荷类型	硅钢片	定子线圈	磁钢	转子轭	气隙
初始最高温度	130	148	110	70	90
换热温度	60	80	55	40	70

5.1.2　温度场计算结果分析

1. 不同定子结构温度场分析

本节通过有限元分析软件分析，定子结构不同，其温度场分布规律及沿径向向外传递热量的能力不同。定子满槽率的槽型就是定子结构，根据实地测量不同定子结构的电机可知，即使功率、槽数、绕组类型等其他参数均相同，只要槽型不同，齿宽、轭高及铁芯总体积和有效面积均存在差异。其中齿宽尺寸的变化将引起齿部和槽部磁通密度的改变，从而改变铁芯的损耗分布，同时随着齿宽的改变电机槽面积也发生相应改变，绕组横截面积（线径）也改变，铜耗也随之改变；轭高的改变可以改变散热热阻及轭部的铁耗热源，从而改变电机稳定运行的温升极限。图 5-2 为斜肩圆底槽、梨形槽和扇形槽，分别完成上述边界条件的设定、载荷的施加及假定，计算后所获得的温度场分布云图。由图 5-2 可以看出扇形槽最高，为 154.7804℃，斜肩圆底槽为 148.001℃，梨形槽为 144.632℃；沿径向传热能力扇形槽最强，因为其铁芯外表面温度范围为 134.7611～154.7804℃，梨形槽最差，仅为 86.5708～101.086℃。究其原因，扇形槽对应齿窄、槽截面积大且轭部高，齿窄降低了齿处铁损，但铁损的降低远小于槽截面积增大而增加的铜损，使得总损耗增加；而轭部的增高，轭部铁重虽也会增加，但此部位体积的增加引起磁通密度降低，使得单位轭部铁芯损耗密度下降更快，因此此处损耗小，温升小，与齿部和定子处的温升差值较大，依传热学原理，增大了径向导热强度。因此，对于内外径一定的电机，槽型的变化对电机温升及散热具有很大影响，可选择宽齿窄槽的梨形槽以降低铜耗占主体的总损耗，同时增大轭高以便较好地径向散热。

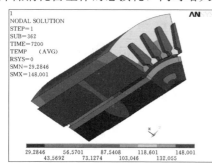

（a）斜肩圆底槽　　　　　　　　　（b）梨形槽

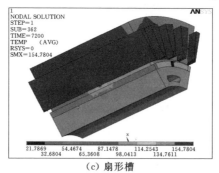

（c）扇形槽

图 5-2　不同定子结构 1/8 模型温度场云图

2. 不同转速温度场分析

前面已经讨论了 $n-\alpha_\delta$ 的关系，本节进一步讨论 ΔT 随 n 的变化情况。由于 α_δ 为温度场计算的边界条件之一，因此 n 对发电机的温度场分布具有间接影响。以上述 α_δ 为基础，研究 $450r/min$ 和 $950r/min$ 的温度场分布规律，为了减少计算量且不影响规律，截取图 5 - 2 模型的 1/10，其温度场分布如图 5 - 3 所示。

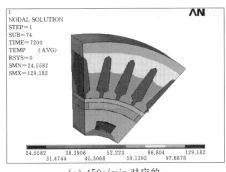 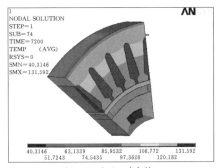

（a）450r/min 对应的 α_δ　　　　（b）950r/min 对应的 α_δ

图 5 - 3　不同转速对应 α_δ 的温度分布

可以看出，随着电机转速的增加内部各部件的温度均升高，但最热部件定子的温升不大，转速增大了 $500r/min$，温度仅增加 $2.41\,℃$；而转速越高铁芯外表面温度值越大，说明高转速增强了沿径向的导热能力，进一步验证了转速大散热强。可见，随着电机转速增加，径向散热能力增强，使得定子铁芯径向温度逐渐增加。而且受轴向传热及空间散热的影响，定子铁芯的稳定温升增加较快，绕组的温升也有所增加，只是增加的幅度相对较小。

3. 特殊运行状态的温度场分布

永磁风力发电机运行状态不同则温升不同，对温度场分布具有极大影响。上述已讨论了正常运行时的实测值加载后的温度场分布，本节讨论瞬时短路和断路两种特殊运行状态的温度场分布。依照实测值采取有限元计算法得到电机壳内各部件非稳态三维温度场分布，如图 5 - 4 所示。图 5 - 4（a）为短路时电流密度瞬间最大时达到最高温度的升温云图，此时绕组最高温度可达 $148\,℃$，由图可知绕组部分热量传给转子磁钢，使永磁体达到 $116\,℃$。图 5 - 4（b）为瞬间断路稳定 15min 后的温度分布云图，这一状态永磁体温度最高，因为定子通过外壳散热较快，而永磁体通过气隙、定子、外壳的散热路径曲折，因此散热较慢、持续高温时间较长。这两种特殊运行状态均会引起永磁体温升增大。因为短路时，线圈电流瞬时增大，占主导损耗的铜耗瞬时增大，导致绕组温升迅速增大，热量瞬间传向与其温差较大的永磁体；瞬间断路后，由于定子铁芯与定子温度值相差不大，而与永磁体温差大，所以将大部分热量传给永磁体，永磁体原有热量也瞬间很难散出，因此永磁体囤积热量较大。为了进一步说明短路和断路时的定子径向热量传输路径，将模型中的转子结构去掉，如图 5-5 为映射后的全模型，直观地表明绕组热量沿径向传给永磁体的动态过程。

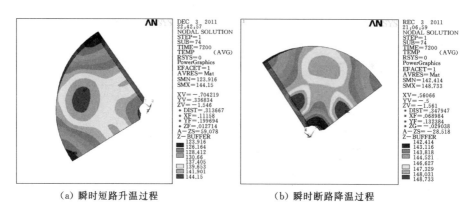

　　（a）瞬时短路升温过程　　　　　　　（b）瞬时断路降温过程

图 5-4　1/10 电机长度升降温过程温度分布

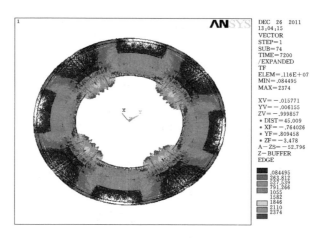

图 5-5　定子向永磁体传热过程

通过上述各类温度场云图分布得出如下结论：

（1）电机温度场分布由各种参数决定，是一个综合参数共同作用后的表征。

（2）导热系数和散热系数是决定温度场分布的关键因素，对于低转速的层流，转速只对散热系数有影响。因此，本研究出于转速与温升的间接关系，通过分析不同转速下的温度场分布可知，增大转速可增强径向散热能力。

（3）由于定子结构不同，齿宽、槽截面积及轭高均不同，使得铜耗和铁耗比例存在差异。本研究通过斜肩圆底槽、梨形槽及扇形槽的温度场对比分析可得，宽齿、窄槽、高轭的定子铁芯结构具有生热小、散热强的能力，对限制电机温升具有明显效果。

（4）研究电机温升的目的之一是考虑永磁体温升是否超过标准，以避免局部退磁引起的不良后果。经分析，负载瞬时短路和断路，均会使永磁体温升迅速增大，因此，要杜绝这两种不正常运行状态。

5.2　电磁场计算分析

当电机运行时，在它的内部空间，包括铜与铁所占的空间区域存在着电磁场，电机中电磁场在不同媒质中的分布、变化以及与电流的交链情况，决定了电机的运行状态与性能。因此，研究电机中的电磁场对分析和设计电机具有重要意义。

在传统的电机学和电机设计课程中，习惯地把电机的分析和计算归结为电路和磁路问题。但是，电路中的各个电抗参数却是从电机电磁场的场量转化过来的，甚至电阻参数也和场量有关，磁路计算的本身就是磁场场量的计算。

在求解区域确定之后，便要作有限元剖分。图 5-6 是其中的一种剖分方法。周向的网格线顺着不同媒质的分界线，只是在励磁绕组以内的部分，为了使三角形单元合适而多加了两根网格线。径向的网格线按照电枢绕组的线圈数来决定，使得相邻两根网格线之间正好间隔一个线圈（包括绝缘和填充物）。在由相邻的周向和径向网格线所形成的扇形中再用交叉的直线剖分成 4 个三角形单元，于是电枢绕组的一个线圈边就包含了 4 个三角形单元；在励磁绕组以内的部分，为了使三角形单元不太密集而作了特殊的剖分。整个剖分是比较有规则的，因此节点的坐标和单元的 3 个节点编号信息都可以由计算机自动形成，不必手工输入。根据图 5-6 的剖分共得到 405 个单元和 220 个节点。由于本书考虑不同负载和转速下的

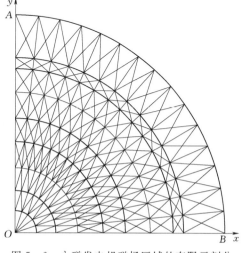

图 5-6　永磁发电机磁场区域的有限元剖分

电磁场和温度场，而风速不同则转速不同，即风载荷和等效负载载荷随时间变化而变化，所以对二场均进行瞬态分析。

1. 基本假设

（1）磁钢之间的 AB 胶本身为绝缘材料，其磁导率为 0，但有限元分析时为了使磁场分布连续清晰，设几乎趋于 0 的值 $\mu_{AB}=1\times10^{-8}$。

（2）气隙和槽内的磁场分布与转子槽中心线对称；磁场沿定子铁芯周向均匀分布，所以定子铁芯外表面和转子铁芯内表面施加矢量磁位为 $A_z=0$ 的边界条件。

（3）计算有载磁场分布，对定子绕组区施加电流密度载荷时，认为各槽绕组导流作用相同且均匀，因此将各槽节点自由度 CURR 耦合。

2. 空载磁场计算与分析

由于区域内包含电流，磁场用矢量磁位 A_z 求解。对于空载磁场，在磁极中心线及外圆圆弧线上具有第一类齐次边界条件 $A_z=0$，在极间中心线上具有第二类齐次边界条件，$\dfrac{\partial A_z}{\partial n}=0$，其计算结果如图 5-7 所示。

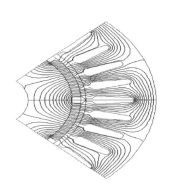

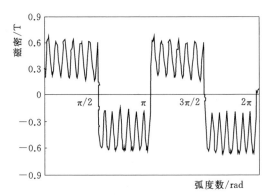

（a）梨形槽空载磁力线分布　　　　　（b）梨形槽空载磁通密度分布

图 5-7　空载 1/4 磁场特性分布

由图 5-7（a）可以看出，尽管计算时将定子铁芯与外壳交界面设为第一类齐次边界条件，但实际上铁芯边界处几乎没有漏磁，磁力线全部从定子铁芯中通过，这是因为定子铁芯所采用的硅钢片的磁导率 μ_{Fe} 很大，一般近似为 ∞，远远大于外壳铝的磁导率，因此也进一步证实了在实际工程中计算电磁场时将电机外侧表面作为齐次第一类边界的可行性。由图 5-7（b）可知，空载气隙磁通密度呈现对称分布，2π 内以完整的方波分布，由于 8 极 4 对永磁体每一对形成磁力线为对称和反对称，因此磁通密度在每个方向上以接近正弦特性分布，没有毛刺波出现进一步说明了没有漏磁通和其他磁场的干扰，从而说明该电机的空载特性良好。

3. 有载瞬时电磁场计算与分析

有载磁场分析除了激励源不同，其他方面类似于空载磁场。也就是说，在加载负载运行下的激励源时，除永磁体外，电枢绕组还应加载电流密度，这样一来，永磁体产生主磁场，由于电枢反应出现了附加磁场，且该磁场随着电流密度幅值和频率的变化而变化，对主磁场不同时刻和不同位置所起增加还是消弱作用不同。且由于有载流导体时，槽内磁场为旋度场，因此以矢量磁位 Az 作为求解变量，即 $\mu = Az$ 在求解域内满足泊松方程。由于是二维电磁场，所以只有 Z 方向电流才有意义，所以 JZ 表示 Z 方向的电流密度，本书只考虑磁场的瞬态分析，只列出额定转速为 750r/min、电流密度为 $JZ = 684\mathrm{A/m^2}$；在载流导体以外，即定转子铁芯、永磁体及气隙区域 $JZ = 0$，运行时间 7200s 后的瞬态磁场特性，此时不同于空载。槽型不同，则磁场特性不同。下面分别将三种槽型的磁通密度分布特性进行对比分析，如图 5-8 所示。

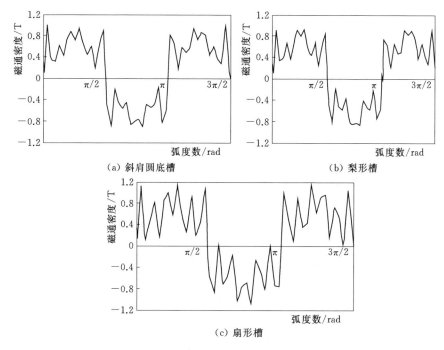

图 5-8　负载时瞬时磁通密度分布

由图 5-7 和图 5-8 的空载和有载瞬时磁通密度分布对比可知，三种槽型有载磁通密度分布均有谐波成分存在。尽管谐波次数和幅度不同，磁通密度波形由于各次谐波的叠加总合效果失去了正弦特性，且由于绕组电流所产生磁场的增强作用，使磁密幅值比空载时有所增加，波形毛刺处可达 1.1T。因此电枢反应引起了气隙磁通密度畸变，在一些区域对主磁场起去磁作用，在一些区域则起增磁作用，也有的区域保持不变。当然，负载时永磁体所建立的磁场仍占主导地位，因为负载时电枢磁场和永磁磁场共同作用产生的磁通密度平均值为 0.625T，与空载时永磁体单独作用时的磁通密度幅值 0.6T 差异不大。对比三种槽型的磁通密度波形可得，扇形槽与斜肩圆底槽和梨形槽相比，高次谐波成分更多，导致波形毛刺严重，造成有效区域磁通密度正弦畸变率增大，磁通密度波形起伏大；说明不同区域磁通密度强弱差距较大，磁通密度强处涡流损耗比磁通密度弱处大，将会导致局部温升较大，出现温度梯度。

5.2.1　不同定子结构的电磁场计算与分析

影响小型永磁同步风力发电机电磁场特性的因素很多，诸如磁铁磁化方向、线径 d_{Cu}、极弧系数、匝数、气隙宽度及齿槽结构等。下面主要考虑相同瞬态运行条件下槽型不同的磁场分布特性。由于在永磁同步发电机中，永磁体向其外磁路能提供的磁通包括两部分：其中一部分与电枢绕组进行匝链，称为主磁通；另一部分由于各种原因不能与电枢绕组匝链，称为漏磁通。当然，从电机固有效率角度考虑，希望永磁体提供的磁通与电枢绕组匝链得越多越好，即漏磁通越小越好。然而不论是主磁通还是漏磁通，均会产生损耗，因为主磁通与漏磁通都是封闭回线，都是矢量，只是不在同一相位上。其中主磁通的闭合磁路通过高磁导率铁芯成为封闭回路，虽然饱和后会溢出铁芯，但主要在铁芯内产生损耗；而漏磁通在开磁路结构件中形成回路并随着输出电流的变化而变化，端部漏磁通在其附近铁质构件中产生附加损耗。一般，在电机损耗中，铁损占据比例较大，附加损耗较小有时可忽略，即主要考虑主磁通在定子铁芯内产生的磁滞损耗和涡流损耗，而通常涡流损耗不确定性更大，有必要研究。

1. 三种槽型对比分析

由于电枢绕组以其特定方式绕在定子铁芯中，所以铁芯槽型决定着定子结构。绕组方式与结构不同使其永磁体在绕组气隙间的磁场分布不同，从而使得各种损耗不同，引起的温升特性不同，使其输出效率不同。图 5-9 为转速 1000r/min，最大电流密度为 $JZ=684A/m^2$，$t=7200s$ 时不同槽型的瞬态磁通密度矢量分布。

由图 5-9 可知，三种槽型相比，每种槽型均有漏磁通存在，即 B 未经铁芯而随机性四处发散流漏，只是幅值和程度不同，由强到弱的顺序依次为斜肩圆底槽、梨形槽及扇形槽。其中斜肩圆底槽漏磁通幅值最大可达 3.329T，梨形槽为 1.676T，扇形槽为 2.304T。但扇形槽漏磁通很弱，几乎可忽略，因此所呈现的磁密矢量分布最规则清晰。相反，主磁通强弱顺序依次为扇形槽、梨形槽及斜肩圆底槽。由此来看，扇形槽中永磁体磁通大部分与电枢绕组匝链而流经铁芯成为回路，使得永磁体利用率提高，当然产生的铁芯损耗也最大；又

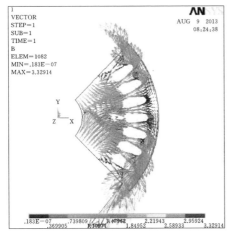
（a）斜肩圆底槽

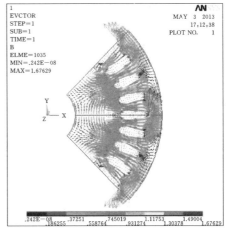
（b）梨形槽

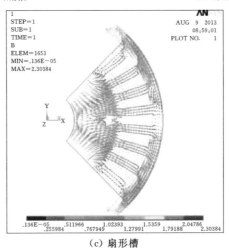
（c）扇形槽

图 5-9　不同槽型的瞬态磁通密度矢量分布

因为发电机运行中，所有的损耗几乎都以发热的形式表现出来，所以扇形槽将发热最严重，引起的温升最大。而斜肩圆底槽漏磁通最大，产生的附加损耗也最大，使得永磁体利用率和电机固有效率都不高。

此外，对比图 5-9 磁通矢量的规则程度，可发现由于三者均含有谐波成分，所以在一些区域磁通密度矢量分布失去方向而杂乱分布，扇形槽相对较规则，梨形槽和斜肩圆底槽都较严重。仅通过图 5-9 （a）、图 5-9 （b），很难断定哪个槽型含谐波成分较多，因此，为了进一步分析谐波损耗，下面将斜肩圆底槽和梨形槽通过设定有效路径并显示其路径的磁通密度波形来说明。本研究设定气隙到定子外边界的径向、1/4 周向范围为有效路径，其对应磁通密度沿路径的波形分布如图 5-10 所示。

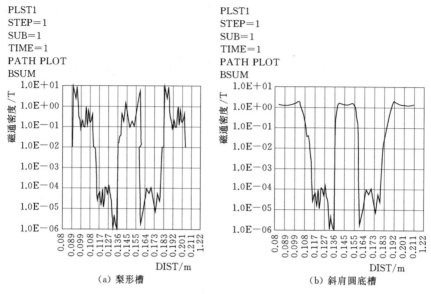

图 5-10　磁通密度沿路径的波形分布

　　图 5-10（a）和图 5-10（b）对比可明显得出，梨形槽所含谐波分量比斜肩圆底槽多，且高次谐波成分较多，使得整体波形正弦畸变程度较严重，从而也证实了图 5-1 中梨形槽在很多区域磁通密度矢量分布混乱的现象。当然梨形槽会由于磁通谐波的增多造成涡流损耗和附加损耗增多，使得总损耗增大。究竟三者损耗谁的更大，将在后续章节通过温度场和耦合场计算进一步研究。

　　2. 磁通密度的 FFT 变换

　　由式（2-68）～式（2-70）可知，由于铁芯中的涡流损耗与磁通密度交变频率具有一定的数学关系，因此要准确计算定子铁芯涡流损耗的大小，必须知道磁通密度中具体包含的各次谐波成分。因此通过 Matlab 中的 FFT 变换，将各次谐波分离出来。当然，上述已说明不同运行条件和不同结构瞬时磁通密度波形存在差异，由于篇幅关系，不能将所有情况的磁通密度波形进行 FFT 变换，本研究为了讲解这种方法及其通用性，只针对上述图 5-10（a）的磁通密度波形进行 FFT 变换，其变换过程如图 5-11 所示。

　　经过对瞬时负载 $JZ=684A/m^2$ 的磁通密度曲线进行谐波分析，可以看出由于负载气隙磁通密度的畸变使其在 FFT 变换过程中，采样点数设置为 $s=500$、谐波次数设置为 $q=11$、误差上下限阀值设定为 $\pm0.001T$，则只有 10 次谐波中的奇次谐波和 1.5 次谐波叠加后才与原波形基本一样。其各次谐波波形如图 5-12 所示，对应参数见表 5-4。

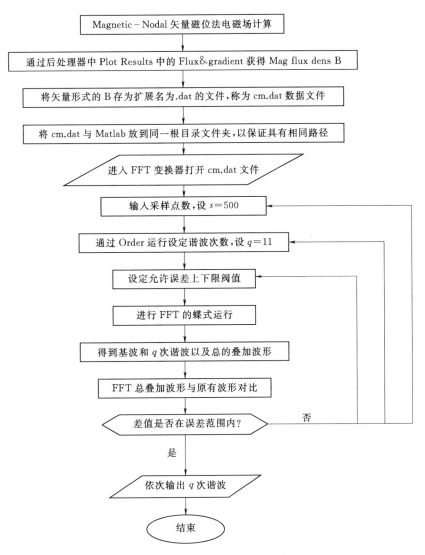

图 5 - 11 磁通密度各次谐波 FFT 变换过程

表 5 - 4   磁通密度各次谐波对应参数值

频率 f/Hz	幅值 B/T	K_{Fe}/f 系数	P_{ec}/W	$P_{ec总}$/W
10	0.300	0.402	0.570	
15	0.262	0.686	0.137	
30	0.200	2.665	0.826	3.581
50	0.170	1.004	0.513	
70	0.200	0.371	0.435	

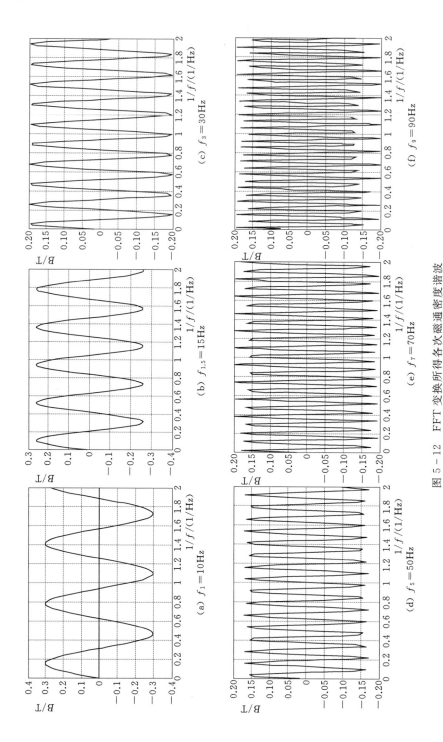

图 5 - 12　FFT 变换所得各次磁通密度谐波

由表 5 - 4 可知，该工况下可视为基波频率为 10Hz 时对应的最大幅值 0.300T，3 次谐波对应损耗系数 $K_{Fe}(f)$ 最大为 2.665，9 次谐波损耗最大为 1.100W。这也证实了谐波频率越大，涡流损耗越大的规律，各次谐波叠加总损耗为 3.581W。

5.2.2 气隙长度的影响

气隙长度 δ 是一个重要参数，它的变化会使永磁风力发电机的输出性能如功率、效率及转矩系数改变，对空载漏磁系数更是有直接影响，此外与磁势的谐波在转子中产生的涡流损耗也密切相关。由于本研究主要针对损耗产生的温升而展开研究，为了研究气隙长度对转子涡流损耗的影响，三种定子结构中选择梨形槽结构，在不改变定子结构的情况下，如图 5 - 13（a）是在有限元计算过程中保证转矩系数不变，永磁体厚度与气隙长度的对应变化关系。可见，要使电机的转矩系数恒定，磁钢厚度与气隙长度近似为正比关系变化。气隙长度的改变，必然引起转子表面的磁通密度谐波发生变化，图 5 - 13（b）是空载时不同气隙长度的永磁体表面的磁通密度空间分布；图 5 - 13（c）和图 5 - 13（d）分别为按照图 5 - 13（a）的约束气隙长度与效率和极间漏磁系数的对应关系。

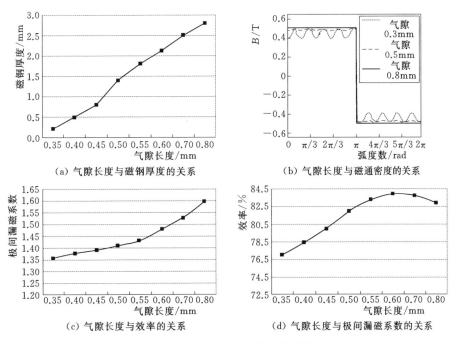

(a) 气隙长度与磁钢厚度的关系　　　　(b) 气隙长度与磁通密度的关系

(c) 气隙长度与效率的关系　　　　(d) 气隙长度与极间漏磁系数的关系

图 5 - 13　气隙长度与性能参数的关系

由图 5-13（b）可以看出，随着气隙长度和磁钢厚度的增加，永磁体表面磁通密度谐波成分有所减少，因此谐波涡流密度也随着气隙长度的增加而减小，永磁体涡流损耗也随之减小。可见，气隙长度对永磁内转子电机的永磁体涡流损耗影响较大。为了减小永磁风力发电机永磁体的涡流损耗，应尽量增加其电机的气隙长度。然而从另外两参数——效率和极间漏磁系数考虑，气隙长度不能一味地增大，由图 5-13（c）可以看出，气隙长度 $\delta=0.62\text{mm}$ 时效率达最大值，为 84%，当气隙长度继续增大，效率开始下降；由图 5-13（d）可得，随着气隙长度 δ 的增大，极间漏磁系数增大，但当 $\delta=0.62\text{mm}$ 时，极间漏磁系数上升斜率开始迅速增大，将导致漏磁通更强。由以上分析可知，对于小型永磁风力发电机，δ 对输出特性有很大影响，且 $\delta=0.62\text{mm}$ 是一个明显的分界线，同时考虑涡流损耗、效率及极间漏磁系数等多方面因素，δ 应选择在 $0.55 \sim 0.62\text{mm}$ 范围。

5.2.3 电机转矩脉动的影响因数

永磁电机转矩包括电磁转矩和齿槽转矩，电磁转矩的数学计算模型为[114]

$$T_{\text{em}} = \frac{2pL_{\text{ef}}}{\mu_0} \int_{\theta_1}^{\theta_2} r^2 B_r B_\theta d\theta \qquad (5-5)$$

式中　p——电机的极对数；

θ_1、θ_2——求解域起、止角，rad；

r——位于气隙中任意的圆周半径，m；

L_{ef}——沿半径 r 的积分圆周，m；

B_θ、B_r——半径 r 处气隙磁通密度的切向和径向分量。

显然 T_{em} 随极对数的增大而增大，随着气隙磁通密度幅度的变化而变化，有限元计算 T_{em} 时，将连续的磁通密度分布离散为有限个单元，其每个单元近似磁通密度均匀分布，于是 $B_\theta = B_r = B_{\text{m}}$，式（5-5）就可以等效为

$$T_{\text{em}} = \frac{2pL_{\text{ef}}}{\mu_0} \sum_{i=1}^{n} \frac{r^2 B_{\text{m}}^2}{9} (\theta_1 - \theta_2) \quad (n \text{ 为有限单元个数}) \qquad (5-6)$$

由式（5-6）可知，单元磁通密度幅度决定 T_{em} 的大小。由图 5-11 可知，有载磁通密度谐波成分复杂，谐波幅度越大，对 T_{em} 的影响越大。因此谐波幅度随着负载的变化是引起 T_{em} 脉动的因素之一。

齿槽转矩为永磁风力发电机空载时内部的磁共能 W 相对于位置角 α 的负导数，即[115]

$$T_{\text{cm}} = -\frac{\partial W}{\partial \alpha} \qquad (5-7)$$

式中 α——磁极与电枢齿两者中心线之间的夹角。

显然 α 随着永磁体磁化方向长度的变化而变化，由于所研究电机为径向磁化方向，所以永磁体磁化方向长度即为永磁体径向厚度。图 5-14 为永磁体不同磁化方向长度与齿槽转矩的关系曲线。

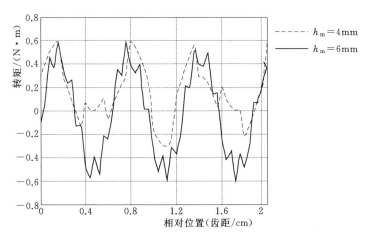

图 5-14　永磁体厚度与齿槽转矩的关系曲线

由图 5-14 可以看出，齿槽转矩的周期数为 3，其与永磁体磁化方向长度存在对应关系。h_m 为 4mm 和 6mm 时齿槽转矩幅值均约为 0.6N·m，但前者脉动比后者小，计算过程发现，继续增大 h_m，脉动幅度也增加。因此，永磁体磁化方向长度是引起齿槽转矩脉动的因素之一。

经上述各类电磁场计算与分析，获得具体结论如下：

（1）气隙磁通密度空载特性较好。瞬时载荷激励时，谐波成分较复杂，且谐波引起的铁芯损耗不可忽略。同时证明了该算法在计算小型永磁发电机电磁性能参数的准确性。

（2）对于三种不同的定子结构，综合考虑涡流损耗、漏磁引起的附加损耗及磁密波形等多种因素，在没有控制系统调节磁场大小和限制温升的小型永磁风力发电机中，可以优先考虑梨形槽结构。

（3）将铁芯磁通密度进行 FFT 变换，可准确计算各次谐波产生的涡流损耗 P_{ec}，经分析得出谐波频率越高涡流损耗越大的结论。

（4）气隙长度作为电机设计参数之一，综合磁通密度、涡流损耗、效率及漏磁系数的合理性，400W 永磁风力发电机应取 $\delta = 0.55 \sim 0.62$mm。

（5）有载条件下，磁通密度谐波成分是影响电磁转矩的重要因素。本研究给出了准确计算电磁转矩的有限元数学模型，并得出了齿槽转矩主要与永磁体及磁槽结构尺寸有关的结论。

5.3　流场计算分析

5.3.1　流场模拟计算过程

应用 Fluent 软件实现三维非定常流场的模拟计算，需要建立与实际流动尽可能相似的物理模型，选择合适的计算域，合理划分网格，选用科学的离散格式，设定合适的定解条件等步骤。

1. 风力机模型建立及流场网格划分

利用建模软件 Gambit 建模生成了 S 系列新翼型风力机叶轮实体模型，具体三维实体模型如图 5-15 所示。

由于非结构网格在处理复杂几何区域中的流动问题时有着良好的适应性，又考虑到所研究问题的复杂性，所以采用非结构化四面体网格对流场区域进行网格划分。对所研究区域进行网格划分后，网格总数达 750 多万。如图 5-16 所示，左侧为研究区域进口，右侧为研究区域出口，叶轮所在的中部区域为网格加密区。

图 5-15　S 系列新翼型水平轴　　　　图 5-16　S 系列新翼型水平轴风力机
　　　风力机叶轮实体模型　　　　　　　　　计算区域网格划分图

2. 网格分割

Fluent 软件支持并行计算，并且提供检查和修改并行配置的工具。本书采用单台多核高性能服务器进行计算。

因为计算的总体区域为圆柱形区域，最长主轴和流体流动的主流方向一致，而且所用基本坐标系为 Cartesian 坐标系，所以使用 Fluent 中默认的网格分割方法 Principal Axes。该默认网格分割方法可以实现所研究问题的网格分割邻域数最小，再结合 Fluent 网格分割中的预览操作可使所研究问题在网格分割之前自动选择最好的网格分割方案。

3. 湍流模型选择

采用大涡模拟方法 LES（Large eddy simulation），采用的小尺度计算模型为亚格子模型，使用标准的 Smagorinsky 模型。对于本书所研究的高雷诺数流动情况，由介于 DNS 法和高雷诺数湍流模型 RANS 法之间的 LES 方法结合动态 Smagorinsky 模型影响修正，对于近壁面相对较小网格密度条件下捕捉叶轮附近流场的流动特征具有较好的效果。

4. 边界条件设定

（1）进口边界设定。假定进口边界处具有相同的风速，且不考虑风速切变的影响。设置进口为速度进口边界。并运用谱合成算法将时均 RNG k-ε 方程中描述来流的脉动动能和脉动紊流度考虑在内。本书的设计来流风速为 10m/s，并且正交于入口边界流入方向。

（2）出口边界设定。认为在出口边界处流动处于次充分发展流动状态，所以设置出口为压力出流边界。出口压力认为是大气压力。

（3）叶轮设定为旋转壁面边界。旋转壁面将 x 轴作为旋转轴，以 750r/min 的转速跟随由滑移网格技术定义出来的旋转区域以零相对速度旋转。由于在确定计算区域时已经考虑到了计算区域外边界对计算的影响，因此选用相对于叶轮直径较大的区域外边界，可忽略外边界对计算的影响，其边界条件也可作为固壁边界来处理。这样也与实际试验的风洞情况一致。

5. 定解条件设定

采用分离式求解器（segregated solver）进行求解，结合隐式算法，压力和速度耦合采用 PISO 算法。在使用压力速度耦合 PISO 算法的同时结合动量积分方程的数值离散格式即限制性的中心差分格式。该差分格式能够更好地适应本书计算中所遇到的较大偏斜度的网格区域，因为其在中心差分格式二阶精度的基础上引入了一个限制性修正项。因此对于本书所研究的较大网格偏斜度的复杂流场运用该差分格式能够得到更为准确的计算结果。

由于要对该研究问题近尾迹实现非定常模拟计算，因此为了加快计算的速度，首先进行基于时均 RNG k-ε 湍流模型的定常计算，并将结果作为整个计算域内非定常计算中所有流动参数的初始值。

根据 Neumann 稳定性方法结合现有计算资源考虑以及计算精度方面的影响，设定近尾迹流动非定常计算的时间步长为 0.00030581s，对应的风轮旋转角度为 1°。在风轮旋转 5 圈以后，近尾迹流场趋于稳定，然后再进行相应的数据记录并读取流动各参量数值。

5.3.2 流场计算结果与分析

按照以上设置，通过计算得到 S 系列新翼型叶轮压力面、吸力面静压强分布图，如图 5-17 和图 5-18 所示；S 系列新翼型叶轮表面速度分布图，如图 5-19 所示；为进一步说明叶尖涡对吸力面叶尖区域的影响，放大 S 系列新翼型叶轮吸力面叶尖局部区域静压强分布图，如图 5-20 所示；S 系列新翼型叶轮

$z=0$ 截面径向速度分布图如图 5-21 所示；S 系列新翼型叶轮 $z=0$ 截面涡量分布图如图 5-22 所示；为了说明 S 系列新翼型的风轮特性，引用了文献 [123] 中的计算结果，分别为传统 NACA 系列翼型叶轮 $z=0$ 截面径向速度分布图和传统 NACA 系列翼型叶轮 $z=0$ 截面涡量分布图，如图 5-23 和图 5-24 所示。

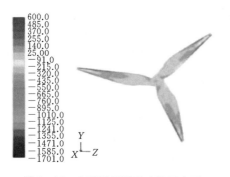

图 5-17　S 系列新翼型叶轮压力面
静压强分布图

图 5-18　S 系列新翼型叶轮吸力面
静压强分布图

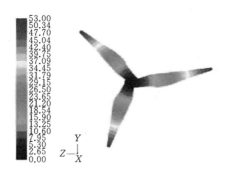

图 5-19　S 系列新翼型叶轮表面
速度分布图

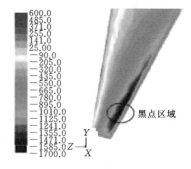

图 5-20　S 系列新翼型叶轮吸力面叶尖
局部区域静压强放大图

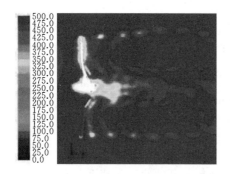

图 5-21　S 系列新翼型叶轮 $z=0$ 截面
径向速度分布图

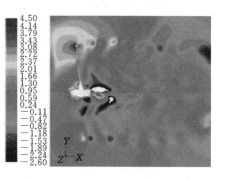

图 5-22　S 系列新翼型叶轮
$z=0$ 截面涡量分布图

图 5-17 和图 5-18 显示的是 S 系列新翼型风力机叶轮压力面和吸力面的静压力分布情况,旋转方向按照 Fluent 的默认规定,压力面叶轮的旋转方向为顺时针方向。从图中可以看出,叶尖部分由于叶尖绕流效应导致叶尖压力面正值静压力降低,吸力面的负值静压力增大,其他区域叶轮压力面的正值静压力相对较大,吸力面的负值静压力相对较小。

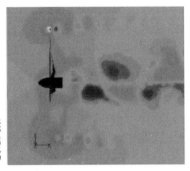

图 5-23　NACA 系列传统翼型叶轮　　　　图 5-24　传统 NACA 系列翼型叶轮
　　　$z=0$ 截面径向速度分布图　　　　　　　$z=0$ 截面涡量分布图

由图 5-18 可以看出,在叶轮吸力面上主要的吸力作用区域分布于叶片沿叶展朝叶尖方向区域,越靠近叶片前缘的地方吸力作用就越强烈,而且沿叶展朝叶尖方向吸力效应更为强烈,如图 5-18 中标出的区域为吸力最大区域。从图 5-18 中压强数值的绝对值可以看出吸力面对叶轮力矩的作用大,特别是图 5-20 中叶尖附近区域对叶轮力矩的作用要明显大于叶轮压力面对叶轮力矩的作用,说明在设计风速最佳攻角状态下,达到了风力机 C_p 值的设计要求。

从图 5-19 中可以看出,S 系列新翼型叶轮表面最大的速度区域分布于叶尖部分以及靠叶尖附近的局部区域,而且最大速度值接近于 53m/s,因此该翼型叶轮表面的流体流动可以看成是低速流动,可以不考虑其可压缩性,这与 Fluent 设置中的空气属性是一致的,说明这种设置是合理的。

从图 5-20 可以看出叶尖绕流对叶尖局部区域静压力值的影响。图中标记黑点区域为吸力面吸力作用最强的区域,它正好对应了 S 系列新翼型上翼面最高点附近的区域,而这个区域沿展向直到叶尖局部区域时,负值静压力值反而增大,说明叶尖涡对该区域造成影响。

5.3.3　叶尖涡运动轨迹分析

从图 5-22 和图 5-24 发现,叶尖涡产生的速度较中心涡快,其中 S 系列新翼型叶轮新近脱落的叶尖涡涡量平均值(150s^{-1})较 NACA 系列传统翼型(215s^{-1})小。涡量值越小,说明被风轮汲取的风能越多,由涡量转化的噪声越小，体现出 S 系列新翼型叶轮的低噪声特性。

另外，叶尖涡以接近线性的规律由内向外迁移，由图 5 - 21 和图 5 - 23 对比可以明显看出，S 系列新翼型叶轮的叶尖涡向外迁移斜率比 NACA 系列传统翼型对应叶轮小，说明叶尖涡所受离心力作用前者较后者小，反映出 S 系列新翼型叶轮叶尖涡的涡量值较低，这也进一步验证了 S 系列新翼型叶轮具有低噪声特性。

从图 5 - 22 中可以看出，采取的分区域过渡层网格策略，能够合理有效地捕捉到近尾迹下游区域的叶尖涡在初期向内迁移的流动形态，这与文献［194］中所得结论一致。

5.4　多场耦合与风电机组特性关联分析

本节针对小型永磁风力发电机电磁场与温度场存在的强耦合关系，采取两种耦合方法，以分析定转子铁芯、永磁体及发电机沟槽在不同运行工况和不同定子结构的涡流损耗为依据，对温度场和电磁场进行双向迭代耦合计算。磁场涡流损耗产生的焦耳热和温度场中的温度分别作为激励，并将电磁场分析中的涡流损耗直接作为温度场控制方程的内热源，避免了载荷丢失，实现了载荷的连续性。结果证实，考虑磁极材料和绕组温度特性时的电磁场与温度场双向迭代耦合计算得到的电机各部件温升与试验结果最接近。

5.4.1　电磁场与温度场耦合计算方法

永磁发电机内部综合物理场相对复杂，并相互影响制约，特别是电磁场和温度场之间的影响。电磁场的非线性引起的各种损耗最终都以热形式表现，而随着电机运行温度的攀升，永磁体部分失磁，导致磁场场形畸变、有效区域磁通密度削弱，使得涡流损耗逐渐增加，温升进一步增大，从而进入恶性循环状态。因此，寻找一种高精度和准确性的计算电磁场和温度场及其相互关系的有效方法势在必行，以便从电机设计结构解决两者的合理分布与协调问题。本研究运用 Ansys 分析软件对电机不同部位的电磁场与温度场耦合迭代计算。

1. 三维棱边有限元法

棱边有限元法简称棱边元法（EFEM），其待求量是场矢量沿单元棱边的线积分，采用矢量插值函数，即使是非均匀媒质问题，也能保证场矢量在单元交界处应有的切向连续，无需另外约束。此外，EFEM 的自由度与单元边有关，而与单元节点无关；特别当自由度变化时，比基于节点的矢量位方法更有效。由于在 EFEM 中，电流源是整个网格的一个部分，虽然建模比较困难，但对导体的形状没有控制，约束更少，就能生成奇异方程组，采用 PCG 或 ICCG 求解器能够准确计算。所以，采用 EFEM 计算电机电磁场模型存在非均匀介质特别有铁区存在时，使解具有更高的精度，另外也正因为对电流源也要划分网格，所以可以计算焦耳热和洛伦兹力。通常在求解大多数的三维时谐和瞬态问题时建议优先采用 EFEM，但模型中存在着运动或速度效应、电路耦合及二维磁场分析问题，此方法不适用。

2. 物理场文件转移载荷耦合法

物理场文件转移载荷耦合法为显式耦合，建立一个场的物理场文件，它包括独立数据库，且先准备对分析进行网格化，读入第一个物理场文件求解，制定要转移的载荷，读入第二个物理场文件再求解[195]。该耦合法需建一套模型和网格，起初计算电磁场时只赋予一种电磁单元类型 SOLID117，当执行完电磁场结果文件转移给温度场后，单元类型自动转换 SOLID90 热单元。该耦合过程简单，属单向耦合，只能把一个场的结果传到另一场作为载荷计算，计算速度快、精度高。

3. 多场求解器 MFS 单代码耦合分析法

此方法为电磁场和温度场顺序计算，每个矩阵方程单独离散，求解器在不同物理场之间迭代计算，直到迭代收敛。由于电机为 8 极 32 槽整数槽型，又为周期性对称结构，所以只计算 1/8 即 1 极 4 槽模型；为了降低有限元模型复杂度并缩短计算时间且可达到耦合计算的要求，建立二维模型[196]。采取 MFS方法，其电磁场和温度场应满足下列条件：

(1) 将电磁场和温度场分别创建为一个具有独立模型和网格的场，且具有不同的离散网格，唯一准则就是各个场的模型必须有相同的几何形貌，即重复的实体模型。

(2) 每一个场由一组单元类型定义，电磁分析选用二维八节点 PLANE53单元，热分析选用二维四节点 PLANE55 单元，且均具有 Axisymmetric 轴对称分析选项。

(3) 通过耦合面——铁芯或永磁体确定为载荷传递区域，在具有相同界面编号的场间发生载荷传递，载荷矢量耦合发生在场之间。

(4) 电磁场和温度场具有不同边界条件、载荷量、分析选项、求解器和输出选项。

(5) 每一个场都可以建立独立的结果文件，其中电磁场结果文件扩展名为.rmg，温度场结果文件扩展名为 .rth。

5.4.2 电磁场与温度场耦合结果分析

电磁场和温度场分别加载后，耦合发生在哪个面则首先将该面作为场界面。如铁芯耦合时将铁芯作为耦合标记场，界面名为 num，两场中分别以材料属性设置，以便保证场界面有唯一界面参数，这样具有共同编号的标记表面会交换热通量面的载荷数据。然后在多场求解器 MFS 中分别以单元类型定义电磁场和温度场，依次命名为 magnetic 和 thermal，并在设定交错迭代次数的同时，将 magnetic 场中的 HGEN 焦耳热以载荷的形式传递给 thermal 场，将 thermal 场中的 TEMP 温度以载荷的形式传递给 magnetic 场，从而实现双向耦合，在所设定收敛域内两场交替迭代求解。由于发生在定子铁芯和永磁体的涡流损耗计算条件和算法类似，且为了准确可靠地进行热电磁耦合计算，将永磁体及定子铁芯间的电磁与热分别进行耦合。

1. 定子铁芯的耦合电磁场分析

由于考虑的是电磁场涡流损耗，所以电磁场采取谐波 Harmonic 分析类型求解。通过捕获该场求解结果，进入通用后处理器读取 magnetic. rmg 结果文件，其磁场强度矢量分布云图如图 5 - 25 所示。

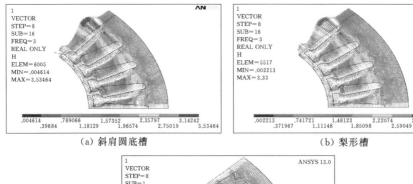

（a）斜肩圆底槽　　　　　　　　　　　（b）梨形槽

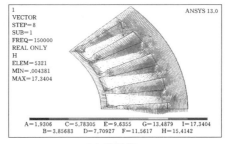

（c）扇形槽

图 5 - 25　耦合磁场强度矢量分布云图

图 5 - 25 为三种槽型即定子结构在相同条件下，热电磁耦合计算后的磁场强度矢量分布。由图可知，斜肩圆底槽、梨形槽及扇形槽都存在漏磁现象。其中斜肩圆底槽最严重，且槽的各部分均存在，斜肩处最多，槽中央偏底处磁场强度最强可达 3.14A/m；梨形槽漏磁分布规律与斜肩圆底槽相当，但最多处出现在槽顶圆弧处，最强磁场强度可达 2.96A/m；扇形槽相对前两种漏磁通大量减少，且最强处出现在槽底部扇形直角处，但强度较大，磁场强度可达 17.34A/m。此外，从图中可清晰地看到铁芯齿部和轭部磁场强度的分布。斜

肩圆底槽最密,最大幅值为 1.57A/m;梨形槽磁场密度有所降低,幅值为
1.48A/m;扇形槽磁场密度分布最疏,但幅值可达 5.78A/m,相应的 B_m 最
大,扇形槽的涡流损耗最大。

2. 定子铁芯的耦合温度场分析

电磁场计算所得的涡流损耗在两场迭代求解过程中以焦耳热的矢量形式传
递给温度场,该场采取瞬态 Transient 分析类型求解;且为了使计算过程与电
磁场的 MKS 标准单位制一致,温度需将 K 制偏移 273 为℃制,通过进入通用
后处理器读取 thermal. rth 结果文件捕获该场求解结果。其热通密度分布云图
如图 5-26 所示,为三种槽型的定子铁芯在相同条件下,热电磁耦合计算后的
节点及单元的热通密度二维矢量和分布云图。由图可知,三种槽型热通密度均
具有铁芯涡流损耗所引起的大温度梯度,且最大处出现在铁芯齿部顶处即靠近
磁钢处,轭部较小,但三者幅值不同。

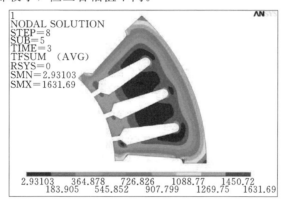

(a) 斜肩圆底槽

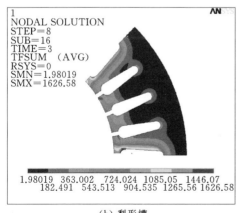

(b) 梨形槽

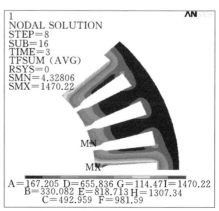

(c) 扇形槽

图 5-26 耦合热通密度分布云图

其中斜肩圆底槽热通密度为 1450.72J/(m²·s)，梨形槽为 1446.07J/(m²·s)，扇形槽可达 1470.22J/(m²·s)，进一步说明了扇形槽涡流损耗最大。

3. 转子永磁体的耦合温度场分析

通过上述定子铁芯耦合分析可知，铁芯温度最高在铁芯齿部顶处即靠近磁钢处，因此永磁体将会有明显温升。与铁芯的热电磁耦合过程相同，线圈加载后，由于电机具有周期性对称结构，所以 8 极电机选其 1 极作为热电磁耦合标记面，迭代求解后，获取永磁体热流密度二维云图，如图 5-27 所示。

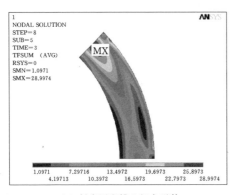

（a）斜肩圆底槽 1 极永磁体

（b）梨形槽 1 极永磁体

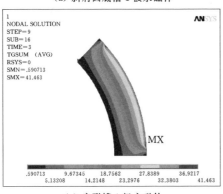

（c）扇形槽 1 极永磁体

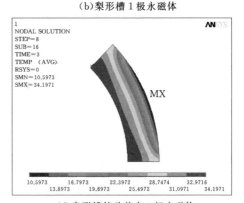

（d）扇形槽特殊状态 1 极永磁体

图 5-27 一极永磁体热通密度分布云图

永磁体涡流损耗的影响因素甚多，图 5-27 为不同齿槽结构的瓦片式永磁体的损耗耦合分析。由图可知，斜肩圆底槽 1 极永磁体热功率分布失去规律为，最热区域随机性较强，MX 标出最热区域，其最大热流密度达 28.99J/(m²·s)，若此处局部温升过高会使永磁体局部退磁，磁通密度分布畸变，最终影响电机输出性；梨形槽和扇形槽对应永磁体热流密度分布规律类似，只是最大值和最小值及出现的区域不同，都体现了永磁体受热存在集肤效应，使得靠近热源的部位温升较大，热流密度最大值分别为 26.20J/(m^2·s) 和 41.463J/(m^2·s)，沿着电机径向温度梯度明显，其中扇形槽的热流密度最大，说明涡流损耗最大。图 5-27 (d) 为扇形槽迭代计算 7200s 后突然甩掉激励电流并加径向强制对流换热系数后再运行 1800s 的一种特殊运行状态，此状态与实际电机运行 7200s 温升稳定后突然断路再运行 1800s 相对应。此时由于没有电流激励而电枢旋转磁势消失且径向散热，使得温升规律发生了变化，温度梯度呈反径向增大，最热端在永磁体与转子相接处，这个部位热量囤积时间较长，将会引起永磁体退磁。

5.4.3 不同定子沟槽耦合结果分析

永磁风力发电机随着运行工况改变，沟槽产生的铁耗大小不尽相同，其差异主要源于涡流损耗。本计算采用 400W 试验样机在特定风速下不同尖速比对应的输出实际电流作为激励，对电机沟槽采取棱边有限元法（EFEM）由矢量插值函数直接求解三维瞬态及谐态磁场矢量分量，保证了磁场矢量在单元交界处应有的切向连续，无需另外约束。同时，分别计算了 32 槽 8 极（整数槽）电机梨形槽、斜肩圆底槽及扇形槽的不同定子结构磁场强度和涡流损耗；进一步，通过物理场文件转移载荷耦合法将电磁场计算结果作为温度场载荷进行转移的间接耦合方式，通过迭代计算，最终读取结果文件获得磁通密度、磁场强度矢量及热流密度分布。分析表明，EFEM 计算电机沟槽电磁及热有较高的准确性和有效性。

1. 瞬态电磁场计算分析

首先创建物理环境为 Magnetic-Edge 以便采用 EFEM 计算，分析类型为 "Transient"，瞬态分析用来分析电流载荷随时间的变化问题。然后选择计算载荷为基于整机最佳特性的输出电流，通过时间步长选项将阶跃载荷每一个上升段设置为 50 步，保持段设置为 30 步，采取始 0 上升保持再上升再保持的不断重复过程，直到整个定子-Z 方向总电流密度为 600A/m^2 达到顶峰，设置保持时间为 7200s；以前面上升规律再阶跃式逐渐下降为 0，逐步计算，全部载荷施加完成计算随之终止，读取电磁场结果文件 magnetic.rmg，其三种定子结构磁通密度分布如图 5-28 所示。

由图 5-28 可得，随着阶跃电流幅值逐渐增大和运行时间加长，三种定子结构间的磁通密度分布均出现不均匀和局部消失现象。斜肩圆底槽不均匀程度相对较轻，扇形槽最大，其最小值为 0.1911T，最大值为 1.1621T，且磁密分布已失去规律，说明涡流损耗大，对应焦耳热引起的局部瞬态退磁现象较严重；相比之下，梨形槽磁通密度分布不均匀性较弱，只体现在槽底中央一小部分磁通密度较高，其他处依然为沿径向梯度正常分布。

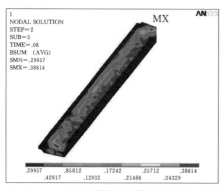

（a）斜肩圆底槽

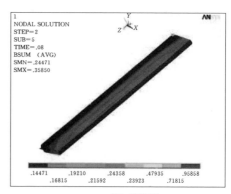

（b）梨形槽

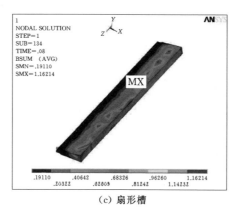

（c）扇形槽

图 5-28　磁通密度分布图

2. 瞬态温度场计算分析

为了进一步揭示涡流损耗所引起槽内电磁场和温度场的变化情况，考虑激励为交变电流时谐载荷下的响应，在分析类型中选择"Harmonic"，设置分析变化频率为 $0 \sim 50\text{Hz}$、最大幅值为 600A/m^2 的正弦交流电，其材料的电阻和相对应的磁导率设置与温度相关，并耦合三个开放面上的电压自由度，采用 EFEM 方法计算不同沟槽的焦耳热损耗。

图 5-29 为平均涡流损耗功率分布，数据显示三种定子结构的涡流损耗都呈径向梯度分布，其中斜肩圆底槽最大值出现在槽中央，为 1.7238W；梨形槽最大值均出现在槽底和槽顶处，其值为 0.6292W；扇形槽最大出现在槽底处，其值为 2.8866W，总损耗可分别倍乘 32 槽。依照上述损耗分布规律和数据可得，扇形槽涡流损耗最大，但最大值在槽底——距外壳最近处，易通过外壳散热；梨形槽损耗相对最小，但最大值分布区域不佳，因为位于槽底处的损耗热量可经过外壳散出，然而槽顶处会沿反径向经气隙辐射至磁钢，易引起永

磁体过高温产生局部退磁。

3. 温度场耦合结果分析

通过物理场文件转移载荷耦合法将磁场分析 magnetic. rmg 结果文件以磁矢量载荷转移到温度场，实现单向耦合，其具体转移过程可通过命令窗口执行下列语句：

```
/prep7   et,1,90;ldread,hgen,,,,,,rmg;bfelist,all,hgen;
finish
```

语句执行完后，温度场也完成计算。其单元类型由电磁单元 SOLID117 自动转换成热单元 SOLID90，同时产生了温度场 thermal. rth 结果文件，通过读取其结果文件获得了三种槽型对应定子的 TGSUM 热梯度矢量和云图分布，如图 5-29 和图 5-30 所示。

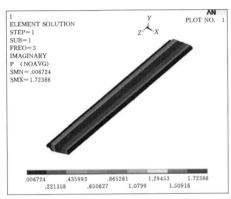

（a）斜肩圆底槽

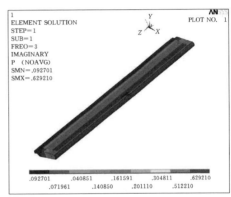

（b）梨形槽

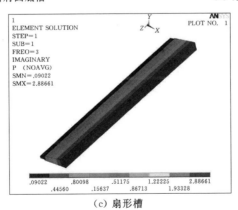

（c）扇形槽

图 5-29　平均涡流损耗功率分布

三种槽型只考虑传导径向散热时，对应定子在相同瞬态阶跃电流激励下的涡流损耗产生的焦耳热的单元与节点热梯度，即沿径向单位长度热流密度变化

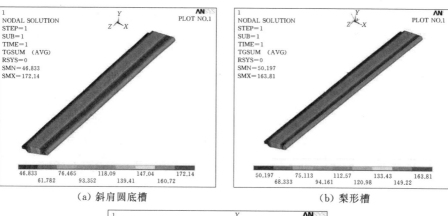

（a）斜肩圆底槽　　　　　　　　　　（b）梨形槽

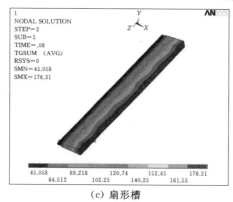

（c）扇形槽

图 5 - 30　耦合热梯度分布云图

云图分布。由图 5 - 29 得，三种沟槽定子涡流损耗引起的热梯度均较明显，但幅值和分布规律不尽相同。斜肩圆底槽和梨形槽均是槽顶热流密度最低，最高热流密度出现在靠近槽底处，且幅值分别为 172.14J/（m² · s）和 163.81J/（m² · s）；扇形槽整体热梯度最大，且最大值出现在槽底处，为 176.31J/（m² · s），因此扇形槽沿径向向外壳散热最快，也进一步说明扇形槽涡流损耗最大。

由此看来，运用 ANSYS 多场求解器 MFS 单代码分析法，通过设置局部和全局收敛，使得电磁场与温度场相互迭代计算，以各自的分析类型和求解器使转子永磁体和定子铁芯实现直接热电磁耦合场计算。得到三种槽结构的耦合磁场密度和热流密度分布规律；并且通过 EFEM 法对不同类型沟槽的三维电磁场计算，确定了电机沟槽内给定电流作用下的瞬态和谐波磁场分布，消除了传统计算方法分析非均匀介质三维磁场中存在的不确定因素和不精确解；以样机实测电流的近似阶跃式电流为瞬态载荷，计算分析了不同沟槽瞬态磁通密度分布，并以正弦交流电流为载荷，研究了不同槽型相应涡流损耗功率，然后采取 ANSYS 物理场文件转移载荷耦合法，将电磁场分析结果作为温度场分析的载荷耦合计算。对照了不同类型定子铁芯、永磁体及沟槽的各种分布云图，发现影响小型永磁风力发电机热功率的因素如下：

（1）涡流损耗作为发热功率的热源部分，其与永磁材料和定子铁磁材料的性能、磁场变化的交变频率以及磁感应强度的大小有关。

（2）槽型—定子结构对涡流损耗的影响较大。通过对比分析三种槽型的磁通密度和热流密度可知，梨形槽为热功率最小齿槽结构。

（3）永磁体涡流损耗分布规律复杂。随着槽型结构、气隙磁通密度的谐波分布、激励电流及散热条件的改变而改变，并极易出现局部受热而退磁的现象。

（4）电机沟槽的涡流损耗与永磁材料和定子铁磁材料的性能、电流载荷阶跃变化幅度及交变频率有关。

（5）通过对比分析三种槽型的磁通密度、涡流损耗功率及热梯度可知，梨形槽为涡流损耗最小的结构，扇形槽为自然风外壳冷却最优的结构。

（6）随着谐载荷运行频率的不断提高，磁通密度分布畸变程度越显著。

5.5　流—热—磁耦合对输出电流及效率的影响分析

5.5.1　双向耦合计算与分析

由于发电机内部各物理量分布呈空间不对称瞬态分布，无法通过实验手段准确检测，因此采取数值方法进行多场场路耦合分析，并对照输出特性采集实验，探究多场耦合行为对电流特性的影响。因发电机内部物理量相互关联且耦合制约，致使计算方法中必须实现数据双传递，造成传统有限元分析在发电机多因素耦合的局限。本研究在现有的流—热耦合、热—磁耦合、场—路耦合数值模拟计算的基础上，创新性地提出永磁风力发电机多场场路耦合计算思路。计算流程如图 5-31 所示。

其中：针对流—热双向耦合计算过程中内外流域约束条件、求解域大小存在差异及流体复杂的矢量、湍流特性等问题，采用有限体积法计算；针对场—路耦合过程中的数值计算与仿真相结合的问题，采用计算精度高、收敛速度快的有限公式法计算；而热—磁双向耦合因涉及物理量变化较少，采用较易实现的有限单元法。

本研究按照实际模型 1:1 的比例，利用 DM 软件建立发电机实体模型。采取点—线—面—体、自下而上的建模方式，以发电机周围外流场空气域、完整发电机固体域为求解域，取求解域范围为 7 倍风轮直径的半圆柱与方体组合

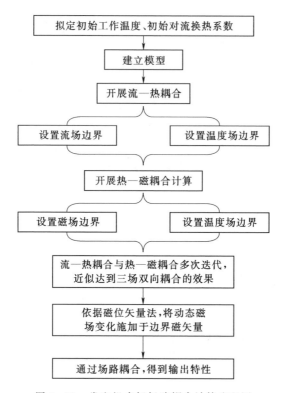

图 5-31　发电机多场场路耦合计算流程图

域。以前期研究机组尾迹流场实验测试为依据，确定有限元分析的来流风速、出口总压、转轴转速等初始约束条件。求解域内具体边界条件如下：

（1）流域入口依据实测设置恒定流速，本研究选取 $v_1 = 6\mathrm{m/s}$，$8\mathrm{m/s}$，$10\mathrm{m/s}$，$12\mathrm{m/s}$，$14\mathrm{m/s}$。

（2）流域出口依据实测设置静压力边界条件，即 P_2。

（3）依据电磁场计算所得损耗分布，施加温度场内热源，包括铁耗、铜耗及其他部位的涡流损耗。

（4）所有流固接触面皆设置为 Interface 耦合边界。

（5）空气边界磁矢位为零，即 $A_z = 0$。

5.5.2　流—热耦合结果

通过对求解域进行流—热耦合数值模拟分析，可得到发电机内部温升的准确分布。为清楚描述发电机各部位的温升变化趋势，整理了各部件温升对比，见表 5-5。

表 5 - 5		发 电 机 各 部 件 温 升		单位:℃
发电机部件名称	外壳	转子	定子	
最高温升	50	58	94	
最低温升	10	30	75	
平均温升	33	45	89	

由表 5 - 5 可知,温度梯度矢量复杂且不均匀地分布在发电机各部件处,其中:发电机较大温升主要集中于定子,外壳、转子转轴以及整机温升皆呈梯度分布,其中永磁体处温升也较明显。由于铜耗是发电机的主要热源,因而发电机温升最大值呈现于绕组处,占总损耗热功的近 80%;又因受流固接触面强制对流换热的影响,外壳、定子处出现温升梯度;同时受涡流损耗及高温绕组辐射影响,且绝缘胶不具备良好的导热性,使得永磁体温升较高;此外,后端温升小于前端,定子尤其是绕组处温升较高,其次为外壳、定子,最低为转轴。究其原因为流场影响流固共轭换热性能的矢量性,使得发电机各部件温升分布不均。

为探究风力发电机温度不均匀分布的深层机理,分析温度梯度矢量特性受流场因素的主控程度,找寻发电机传热性能研究中除温升外的其他关键点,进行流—热双向耦合流场后处理。外流场矢量分布如图 5 - 32 所示。

由图 5 - 32 可得,在近壁面处尤其是前、后端盖附近,流速矢量发生剧烈变化,且前端与壁面的夹角小于后端,这将直接导致发电机前、后端换热性能的差异,且随着风速增大该现象逐渐凸显。此外,后端盖处出现卡门涡街,这与 PIV 流场测试结果一致,卡门涡街的矢量特性、湍流特性皆较复杂,是导致换热性能前后不一致的另一诱因。此外,发电机轴向中心位置流线也出现畸变,即外壳、肋片及散热孔处流体流速较大,究其原因为发电机前、后端较大的压强差导致流体湍动能较大,该现象亦随来流风速增大而凸显。

基于上述温升与流场特性的分析结果,发现流场矢量与温升密切关联。为进一步分析两者的关联机理,探究受来流矢量影响的发电机换热性能,进行热—流双向耦合对流换热系数后处理。不同风速对应流固接触面换热系数分布及后端盖处换热系数分布如图 5 - 33 和图 5 - 34 所示。

如图 5 - 34 所示,外壳表面换热系数呈不均匀分布,散热孔处换热系数最大,肋片处其次,端盖处最低,原因为受换热接触面积的制约。分别比对图5 - 33、图 5 - 34(a)~(d)4 组图的换热系数分布趋势,发现外壳表面强制对流换热系数随风速增大而增大,即流固接触面换热性能随来流矢量的增大而逐渐增强。对比图 5 - 33、图 5 - 34,前端换热系数显著大于后端,而发电机后端盖的对流换热性能皆优于前端盖,且后端盖中心皆出现较大的对流换

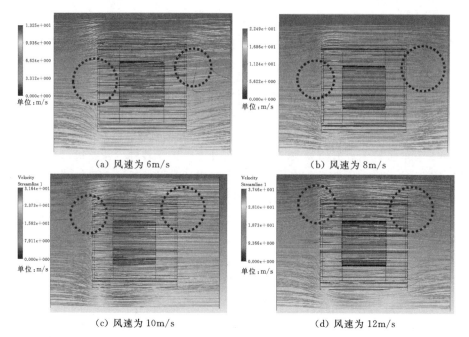

(a) 风速为 6m/s　　　　　　　　　　(b) 风速为 8m/s

(c) 风速为 10m/s　　　　　　　　　　(d) 风速为 12m/s

图 5-32　外流场矢量分布

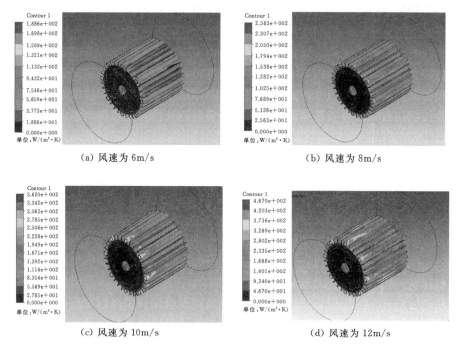

(a) 风速为 6m/s　　　　　　　　　　(b) 风速为 8m/s

(c) 风速为 10m/s　　　　　　　　　　(d) 风速为 12m/s

图 5-33　流固接触面换热系数分布

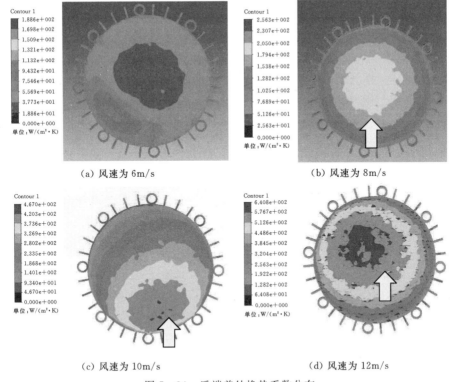

（a）风速为 6m/s　　　　　　　　　（b）风速为 8m/s

（c）风速为 10m/s　　　　　　　　（d）风速为 12m/s

图 5 - 34　后端盖处换热系数分布

热系数，而当入流风速为 12m/s 时，整个发电机的换热系数最大值出现在后端盖中心［如图 5 - 34（d）所示］。综上，来流风速的大小及入流矢量与流固接触面的夹角制约着流—热耦合特性，即流体矢量对流固共轭换热性能起决定性作用。

　　为更直观详尽地比较不同工况对应换热功率的动态分布，得出各因素对换热功率的影响及各因素间的关联性，基于有限元后分析，本研究运用 Matlab 软件针对自变量的来流风速、偏航角、不同槽型变化对换热功率影响情况进行分析，具体如图 5 - 35 所示。

　　由图 5 - 35 可知，换热功率由大到小依次为扇形槽、斜肩圆底槽、梨形槽；风电机组换热功率随来流风速增大而线性升高；在处于偏航角 10°～15° 时，换热量显著增大。

　　究其原因，换热功率对于发电机稳定运行起积极作用，而且损耗功率是决定换热量的最大影响因素，且两者呈正相关性，因此换热功率随来流、偏航角变化规律大致与损耗相近。此外，增大流场矢量与热通量夹角可增大换热系数。如图 5 - 35 所示，偏航 10°～15°可增大永磁风电机组换热量，偏航角继续增大时，由于换热表面温度降低而导致换热量大幅减少。对于三种槽型依次增

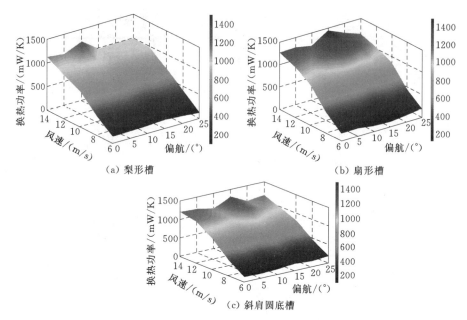

图 5-35　来流风速、偏航角对不同槽形风电机组换热功率的影响

大换热量的幅度和能力为：梨形槽可增 18.1%，扇形槽可增 34.2%，斜肩圆底槽可增 23.1%。因此，在损耗功率确定时，齿槽结构及偏航角是风电机组换热量的重要影响因素。

综上上述换热分析结果，风电系统换热量主要因内部铜耗、铁耗及其他涡流损耗的热量堆积进而向冷源散失。向内流场散失主要通过定子、转子间气隙强制对流换热及电机端部空间的自然对流，向外流场散失通过外壳散热面的强制对流换热。根据热力学第二定律，熵增大即系统朝着无序性增大的方向运行，因此永磁风力发电机随着系统的运行，局部热量逐渐积聚，影响风电机组的运行稳定性，其中损耗起决定性制约作用。在损耗确定时，增大换热特性可提高发电机运行特性。两者皆受槽型、来流、偏航角及气隙长度的影响，经大量数值模拟采集点数据及后处理分析，结合后续热磁耦合分析，得出样机的最佳运行工况，并给出风电机组优化方案。

5.5.3　热—磁耦合结果

由发电机换热性能分析可知，电磁损耗作为发电机主要损耗形式，也是温升的主要热源。为分析电磁损耗随时间的变化规律，比较额定及非额定工况下电磁特性的异同，并为进一步后处理及㶲分析提供损耗、温升及对流换热量等的数据基础，开展针对发电机产热及散热过程的有限元计算研究，经计算分析得到不同工况下发电机的内部损耗及温升规律与结论，如图5-36、图5-37及表5-6所示。

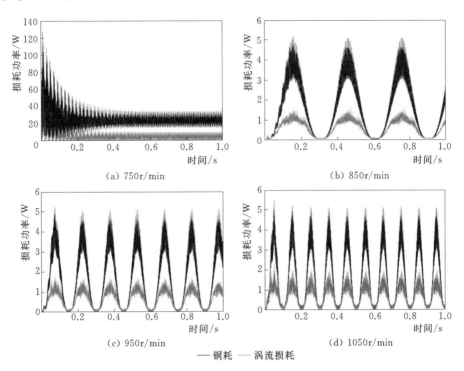

图5-36　发电机不同转速下涡流损耗、铜耗分布

表5-6　　　　　　　　　发电机损耗运行时间段积分值

转速/(r/min)	750	850	950	1050
铜耗/W	38	50	72	96
涡流/W	10	30	44	51
铁耗/W	0.15	0.4	0.9	1.5

根据图5-36、图5-37及表5-6，当风电机组以额定工况运行时，铜耗及涡流损耗分别在0.1s内突增至最值，分别为各自总功率的12%和7%，而后呈波动下降，在各自总功率的6%、2%处趋于稳定，铁耗则在更短时间内突增至总功率的0.03%，而后呈周期性稳定波动；当发动机处于非额定工况运行时，未发生额定工况运行时铜耗、铁耗及涡流损耗突增的现象，损耗功率缓慢增大至P_{max}，P_{max}大约是额定工况峰值的40倍，之后损耗功率在0～P_{max}之间周期性波动。

上述发电机非稳态运行过程中涡流损耗及铜耗尤为突出，其原因为：当额

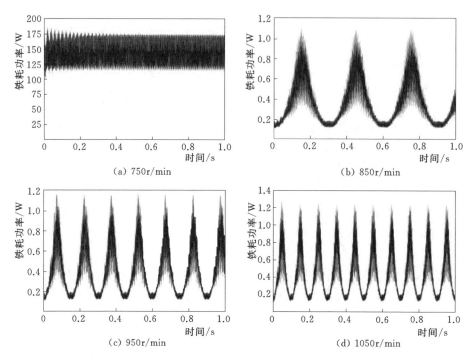

图 5 - 37　发电机不同转速下铁耗分布

定转速运行时，转矩突变导致感应电流及涡流瞬时值过大，进而使铜耗及涡流损耗增大；当转矩趋于稳定时，由于受电流周期性波动影响，铜耗及涡流损耗表现为周期性下降趋势；此外，由于发电机铁芯中的磁滞损耗高于铁芯涡流损耗，且远高于附加损耗，特别在负载突变时，经历反复磁化，因磁滞现象而消耗的能量较小，受交变磁场的影响周期性波动，最终逐渐稳定；非稳态运行中，涡流损耗主要集中于永磁体，使得铁耗不同于涡流损耗分布；相较于额定工况运行，由负载突变或来流风速波动引起发电机转速改变时，感应电动势及涡流较大，并且还会导致三相电流在固有波动周期外出现大幅突变且呈周期性变化，形成有别于额定工况运行时的动态损耗分布。

　　为更直观、详尽地比较上述电磁损耗的动态分布，并得出各因素对电磁损耗的影响及各因素间的关联性，基于有限元结果后，再运用 Matlab 软件针对来流风速、偏航角、不同槽型等自变量变化对电磁损耗的影响情况进行翔实分析，如图 5 - 38 所示。

　　由图 5 - 38 可知，当来流风速、偏航角一定时，电磁损耗量由大到小依次是扇形槽、斜肩圆底槽、梨形槽；风电机组电磁损耗随来流风速增大而线性升高，且增长速率随来流风速增大而升高；随着偏航角增大，㶲损减小，且当来流风速增大时，其衰减速率变快。

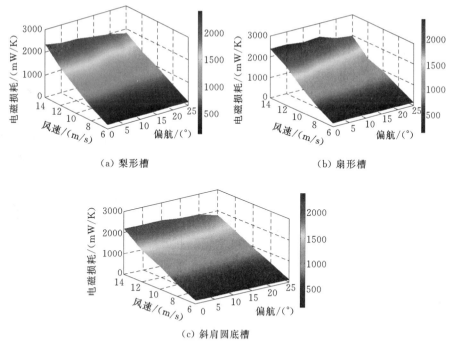

(a) 梨形槽　　　　　　　　　　　　(b) 扇形槽

(c) 斜肩圆底槽

图 5-38　来流风速、偏航角对不同槽形风电机组电磁损耗的影响

究其原因，扇形槽发电机绕组体积大，导致产生铜耗热源较大，致使不可逆损耗增多，斜肩圆底槽与梨形槽相比，虽损耗热功相近，但散热面积较小，故散热能力弱，导致局部温升较高，而过高的局部温升致使电磁损耗增大；当来流增大时，输出电流也随之增大，导致内部各损耗增大，这种变化规律由于受焦耳效应及涡流效应影响，故与输出特性相近；同理当偏航角增大时，风轮捕获风能的有效面积减小，则输出电流及涡流皆被削弱，进而电磁损耗降低。

由此看来，电磁损耗过大不仅不利于整机㶲效率优化，且对于发电机稳定运行起消极作用。又根据场协同理论，增大流场矢量与热通量夹角可增大换热系数，如图 5-38 所示，偏航 10°～15°因增大永磁风电机组换热特性，使电磁损耗也有减弱，偏航角继续增大时，由于换热表面导致换热量大幅减少而温度回升，使得电磁损耗继续增加。因此，齿槽类型是㶲损的重要影响因素；偏航角对于电磁损耗影响也不可忽略。

此外，电磁损耗随着气隙的增大而呈现出先下降后升高的趋势。究其原因，当气隙增大时，散热能力加强，使得转子及定子温升降低，致使电磁损耗下降；且随着来流速度越大，电磁损耗降幅越大；而随气隙长度逐渐增大，电磁损耗又继续增大，其本质原因为电磁场的制约：气隙长度增加，磁路磁阻增大，磁力线被削弱，电磁损耗增大。

5.6 场路耦合分析

5.6.1 流—热—磁多场耦合计算

基于上述 PIV 流场测试、输出特性采集实验、流—热耦合计算及热—磁耦合分析，风电机组内外流体矢量、换热性能、机组匹配、叶尖速比、发电机结构改变时，最终将致使发电机电磁性能突变。最显著的影响为发电机局部温升不断升高，直至逼近乃至超过居里点时，转子单块永磁体将逐步发生退磁现象，当温升持续升高时，将发生多块永磁体退磁状态。为进一步探究永磁体电磁属性受内部多场耦合影响发生变化，本研究开展场路耦合分析。为提高计算精度，外电路采用三相单支路单负载电路，模型如图 5 - 39 所示。

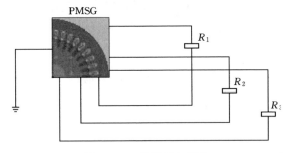

图 5 - 39 场路耦合模型

本研究量化永磁体退磁率并选取 5 种状态作为场—路耦合研究对象，对比分析永磁体高温退磁时输出特性的变化规律。永磁体状态类型见表 5 - 7。

表 5 - 7　　　　　　　　永 磁 体 状 态 类 型

编号	状 态 类 型	编号	状 态 类 型
状态 a	永磁体退磁 30%	状态 d	永磁体退磁 100%
状态 b	永磁体退磁 50%	状态 e	1 对磁极完全退磁
状态 c	永磁体退磁 70%		

当永磁体磁性动态变化时，定子齿槽附近的磁通密度也随之动态波动。选取磁场强度较均匀的齿顶处作为观察点，经场—路耦合计算后，得到齿顶处磁通密度变化规律，如图 5 - 40 所示。

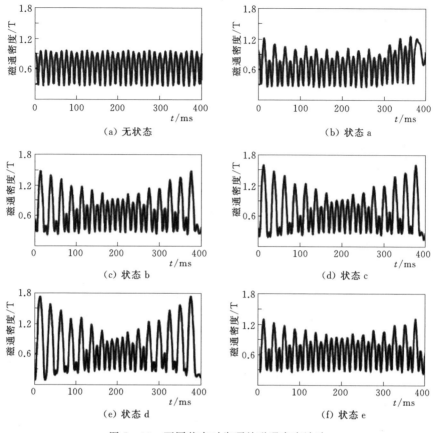

图 5-40　不同状态时齿顶处磁通密度波动

5.6.2　耦合结果分析

　　永磁发电机是一个典型的多场耦合系统。其中电磁场和温度场相互作用，为双向耦合，流场影响传热系数，因此流场与温度场为单向耦合。由图 5-40可以看出，永磁体在未退磁情况下，磁通密度随着时间周期性波动，且波动幅值较为平稳；而永磁体发生不同程度退磁状态时，磁通密度波形出现大幅度波动，该现象将随着永磁体失磁率的增大而越发凸显。究其原因：永磁发电机在额定工况运行时，定子磁力线沿着齿槽周向均匀分布，内转子轮毂处无磁力线。然而，当永磁体发生因温升集聚而局部退磁时，原本均匀分布的内部磁场发生严重变形，尤其是在状态永磁体周围，磁力线分布不再具有周期对称性，并且在转子轮毂上有明显的磁力线分布。当一对磁极皆完全退磁时，与状态 d相比磁场畸变现象有所减弱，这是因为表贴式永磁体成对出现，即相邻永磁体为一对 N、S 磁极，因此发生状态 e 的两端永磁体依然可形成完整闭合回路，在转子轮毂中的磁力线较少，漏磁现象不明显。

5.7　基于 MATLAB 的风电系统特性分析

5.7.1　电能质量分析

1. 整机模型

根据测试系统模型及工作原理，在 MATLAB/Simulink 中完成整机模型搭建，风电机组仿真系统整机模型如图 5-41 所示。

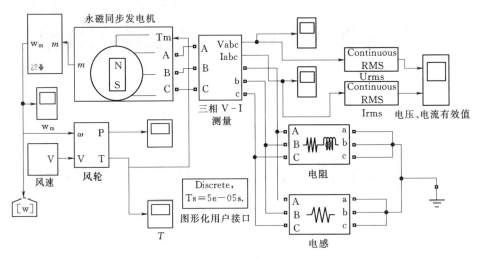

图 5-41　仿真系统整机模型

图 5-41 中"wind speed"为风速模型，其将风速数据 V 存储于"lookup Tab."中以作为风力机模型输入的一部分。由于模型为小型直驱风力机组，对发电机旋转角速度 ω_m（rad/s）测量后等同为风轮旋转速度 ω，与风速信号 V 共同输入风力机模型而输出发电机驱动转矩 T。当 V 为定值时可保证 PMSG 恒速转动，输出信号经三相电压—电流测量模块进入交流负载柜模型，并由示波器模块显示实时电压、电流及方均根值波形曲线。

在模型搭建完成之后，需依照实验方案设置来流风速、永磁发电机内部参数、风轮翼型等各种输入参数，然后进行模型调试及仿真，最后对仿真结果进行分析。

2. 仿真参数

小型风力发电机组电能质量仿真计算基本依照测试过程进行，利用 Simulink 建立整机模型后须设置不同系列永磁同步发电机（PMSG）的仿真参数，包括定子电阻、直轴电感、交轴电感、转子磁通、转动惯量和极对数。上述参数中仅极对数为发电机基本参数，剩余参数须由厂家对系列Ⅰ～Ⅳ发电实际测试得出。定子电阻、直轴电感和交轴电感均由永磁发电机直流实验测量计算得出，而转子磁通依据空载实验法测量计算反电势系数后求得，转动惯量利用电机恒转矩运行测试计算得到。在上述测试计算的基础上，结合电能质量测试结果对仿真参数进行了进一步校核，最终设定 PMSG 模块仿真内部特征参数见表 5-8。

表 5-8 永磁发电机仿真参数对比

参数类型	系列Ⅰ	系列Ⅱ	系列Ⅲ	系列Ⅳ
定子电阻/Ω	0.288	0.426	0.378	0.357
直轴电感/H	0.00375	0.00533	0.00507	0.00492
交轴电感/H	0.00511	0.00701	0.00644	0.00623
转子磁通/Wb	0.07325	0.12967	0.24828	0.37094
转动惯量/(kg·m²)	0.01687	0.03575	0.03575	0.052
极对数	5	5	5	4

为仿真不同风轮驱动的机组，需在风力机模型中依据外特性测试结果设置测试用两种翼型的风能利用系数。首先设定来流风速 V 为测试中 5～12m/s 范围内的定值，然后依据该风速下测试结果设定叶尖速比 $\lambda=4.0～7.0$ 下分别对应的 C_p 值。

此外，仿真中还通过改变交流负载柜中的电阻及电感值来调整风电机组的负载大小，以使相同 V 值时 λ 值在 4.0～7.0 范围内变化。根据公式 $n=\dfrac{30V\lambda}{\pi R}$，其余参数为定值时，$\lambda$ 与发电机转速 n 相关，而仿真系统中发电机旋转角速度 ω_m（rad/s）的大小换算即为 n（r/min），因此与实验测试过程类似，监测转速即可明确 λ 值的大小。

3. 仿真结果及分析

在以上仿真过程得到与实验数据对应的仿真数据基础上，可利用 Matlab、Origin、Excel 等数据处理工具结合国家标准进行电能质量指标化处理。以系列Ⅱ发电机在 N1、N2 两种翼型风轮驱动下为代表，以各电能质量指标受来流风速 V、叶尖速比 λ 影响情况为例，仿真结果如图 5-42～图 5-44 所示，其中谐波畸变情况如图 5-42 所示。

由图 5-42 可知，系列Ⅱ谐波畸变的变化趋势及幅度与测试结果近似，谐波畸变程度总体有一定幅度下降。测试及仿真结果揭示，与电压谐波畸变率

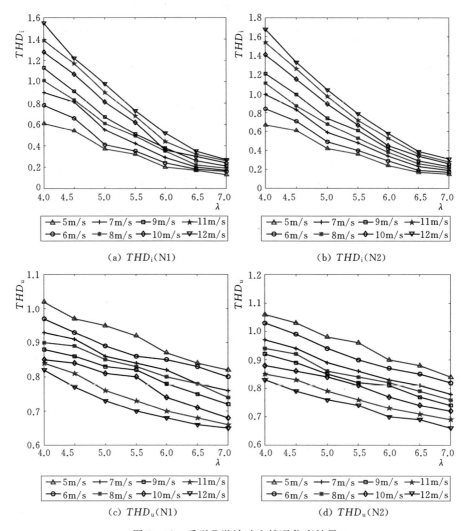

图 5-42　系列Ⅱ谐波畸变情况仿真结果

THD_u 相比，电流谐波畸变率 THD_i 受工况及匹配等因素影响较大。这也更印证了 THD_u 是 THD_i 与负载阻抗的乘积的理论，随叶尖速比 λ 增大负载阻抗也不断提高，因此 THD_u 降幅趋缓。N2 翼型与 N1 翼型风轮相比谐波畸变程度小幅加剧，与测试结果一致。

　　负序及零序不平衡度在仿真模拟下的输出情况如图 5-43 所示。

　　图 5-43 所呈现的不同工况下的变化趋势与实验结果相互验证。仿真结果中负序不平衡度 ε_{U2} 和零序不平衡度 ε_{U0} 数值上略小于实验结果，前者相对实验结果最大降幅为 18.6%，后者为 27.1%，差距在可控范围内，较为可信。此

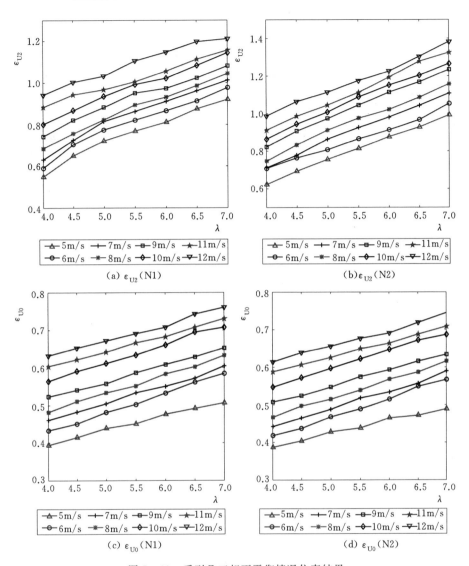

图 5 - 43 系列Ⅱ三相不平衡情况仿真结果

外，N1 翼型与 N2 翼型风轮驱动相比，前者 ε_{U2} 较低但 ε_{U0} 较高，符合测试结果。

系列Ⅱ发电机功率因数仿真结果如图 5 - 44 所示。

图 5 - 44 中系列Ⅱ发电机功率因数仿真结果基本呈现了测试数据的变化趋势，且相较测试结果，仿真结果与之相差不超过 10.6%，符合性较好。而对比两种翼型风轮输出功率因数，同样 N1 翼型占优。

其余发电机所组成的风电机组仿真结果与系列Ⅱ结果类似，此处不再赘

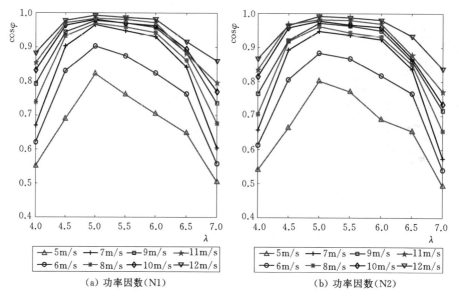

（a）功率因数（N1）　　　　　　　　（b）功率因数（N2）

图 5-44　系列 Ⅱ 发电机功率因数仿真结果

述，说明大部分测试结果合理同时，也表明存在环境及测试设备误差等因素对测试结果产生影响且仿真过程存在一定局限性。

5.7.2　储能特性分析

根据 3.5 节介绍的储能方案利用 Matlab/Simulink 仿真对系统建立如图 5-45 所示的风电系统仿真模型。在风电系统仿真模型中输入量为风速，风速的变化范围为 3~12m/s，风力发电机发出的三相电经过不可控整流桥整流后存入蓄电池中，直流电经过 PWM 逆变电路逆变成恒频（50Hz）恒压的交流电，然后再经升压变压器升压（相电压为 220V）后为用户端供电。铅酸蓄电池参数为 48V、400Ah，在不影响仿真效果的情况下，设置仿真时间为 0.5s。蓄电池模块连接示波器，可以显示蓄电池的电流、电压、荷电状态；仿真模型中每部分的电压、电流都可以用示波器显示出来，进而对数据进行提取，用于后续分析。

在变风速的条件下，蓄电池的电流、电压、荷电状态变化曲线如图 5-46 所示，在 0.2s 时蓄电池电流、电压、荷电状态曲线出现转折。在 0~0.2s，蓄电池的电流大于零，电压和荷电状态呈下降趋势，蓄电池处于放电状态。究其原因：启动时风速较低，永磁发电机并未达到额定转速，所发电量并不能维持负载运行，此时蓄电池放电，为负载提供电能。在 0.2~0.5s，蓄电池的电流小于零，电压和荷电状态呈上升趋势，蓄电池处于充电状态，风速已达到额定

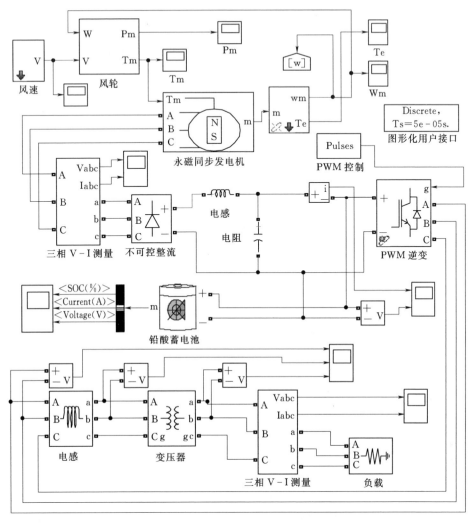

图 5-45 风电系统仿真模型

风速，永磁发电机发出的电不仅供负载运行，还给蓄电池充电。此外从图 5-46 中可以看出，蓄电池为用户提供了稳定持续的电源，满足用户的用电需求，因此蓄电池能够保证风电系统在变风速情况下，维持电路电压正常，防止电压出现短暂性波动，进而改善电能质量，提高系统㶲效率。

为了探究储能对电能质量的具体影响，布置了有无储能装置对比实验，并用仿真进行验证。当储能装置接入系统，永磁发电机后端与储能装置连接，储能装置与负载连接，此实验记为有储能装置实验；当储能装置未接入系统，永磁发电机后端直接与负载连接，此实验记为无储能装置实验。具体变化情况如

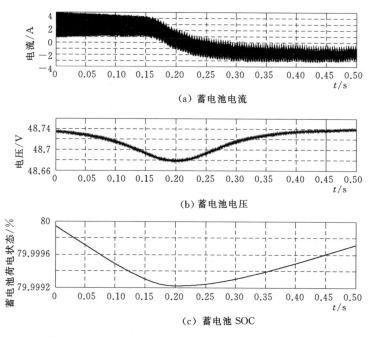

（a）蓄电池电流

（b）蓄电池电压

（c）蓄电池 SOC

图 5 - 46　蓄电池电流、电压变化和荷电状态变化曲线

图 5 - 47 所示。

　　图 5 - 47 中，d 值随着永磁发电机转速的增加呈现先升高后下降的趋势，在 500r/min 时 d 值均达到最大，有储能装置实验的 d 值明显低于无储能装置实验，d 值最高降低了约 35%，有储能装置实验与仿真的最大误差约 8%，在误差允许范围之内。由图 5 - 48 和图 5 - 49 可知，电压偏差和频率偏差与永磁发电机转速呈负相关特性，两者在 400~700r/min 转速内有储能装置实验与无储能装置实验的电压偏差、频率偏差差别较大，因此在 400~700r/min 转速内加装储能装置能够改善电压偏差和频率偏差。由图 5 - 50 可知，功率因数随着永磁发电机转速的增加而增加，在 400~1000r/min 转速内有储能装置实验的 $\cos\varphi$ 值比无储能装置实验提高了 3.1%~11.2%，并且随着转速的增加两者的差距在减小。究其原因，风速的随机变化必然会导致风电功率的波动，而风电功率波动是产生电压波动、电压偏差、频率偏差的原因，有效降低功率波动便能改善电能质量。当储能装置接入风电系统中，对风电功率随机波动进行补偿，即风速较小时，蓄电池放电，保障电压稳定和功率的正常输出；风速较大时，为保证系统中发电与用电的实时平衡，蓄电池吸收多余的电量，因此储能装置起到改善电压波动、电压偏差、频率偏差的作用，并且提升了功率因数，进而提高系统㶲效率。

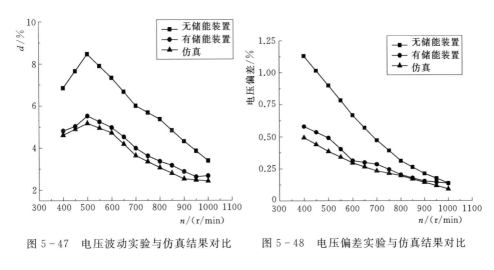

图 5-47　电压波动实验与仿真结果对比　　　图 5-48　电压偏差实验与仿真结果对比

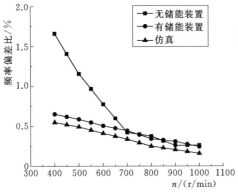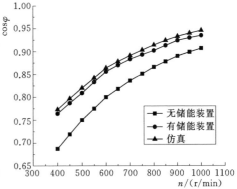

图 5-49　频率偏差实验与仿真结果对比　　　图 5-50　功率因数实验与仿真结果对比

5.8　本章小结

　　本章针对小型永磁发电机电磁场与温度场存在的强耦合关系，采取两种耦合方法，以分析定转子铁芯、永磁体及电机沟槽在不同运行工况和不同定子结构的涡流损耗为依据，对温度场和电磁场进行双向迭代耦合计算；并采用有限元分析软件中的共轭梯度求解器（JCG）对小型永磁风力发电机空载、瞬态负载及不同定子结构 1/4 有效区域的电磁场进行了计算；采取场路耦合方法诠释了路的输出随着场的变化的动态关系，并借助 Matlab/Simulink 仿真了系统电能质量和储能特性受多场耦合的程度。对比第 4 章实验结果，最终得出研究结果如下：

（1）对于三种不同定子结构，综合考虑涡流损耗、漏磁引起的附加损耗及磁通密度波形多种因素，在没有控制系统调节磁场大小和限制温升的小型永磁风力发电机中，可以优先考虑梨形槽结构。

（2）导热系数和散热系数是决定温度场分布的关键因素，对于低转速的层流，转速只对散热系数有影响。因此，本研究出于转速与温升的间接关系，通过分析不同转速下的温度场分布可知，增大转速可增强径向散热能力。

（3）永磁体涡流损耗分布规律复杂，随着槽型结构、气隙磁通密度谐波分布、激励电流及散热条件的改变而改变，并随着多场耦合深度，极易出现局部受热而退磁的现象。

（4）经发电机多场场路耦合数值模拟计算，得到了发电机流固共轭换热性能主要受流场矢量制约的结论；结合场协同理论，提出发电机换热性能评价方法，并依此提出流固接触面的换热性能优化方向；不同槽型发电机有效能损失率存在较大差异；有效能损失率随气隙长度增大而减小，且衰减速率先减小后增大；有效能损失率随偏航角增大呈先减小后增大趋势，但偏航角对其影响随来流增大而逐渐削弱。各变量对风电系统有效能损失率的影响程度由大至小依次为齿槽类型、气隙长度、偏航角。

（5）评价风电系统特性的电能质量各指标动态变化情况，是多场耦合的结果表征，且各指标间存在不同程度的约束关系。

第 6 章

基于多场耦合的系统熵与㶲特性分析

对多物理场耦合特性全面而透彻的研究需站在新视角,寻找解耦条件新的突破口。本章将风电系统作为产能系统,借助热力学分析方法,对系统进行㶲流、㶲损及熵产的合理分析,探索优化效率措施。本章建立风力发电系统的热力学分析模型和耦合数学表达式,不仅仅是从热力学第一定律来分析问题,而且从热力学第二定律来寻找不可逆损失源头。不但从量方面分析,更要从质方面入手来进行能量传递、转换过程的机理研究。尤其是风电这一产能系统因熵产而导致的外因㶲损失、内因㶲损失、可回避㶲损失、不可回避㶲损失,进而结合㶲经济、㶲环境来展开对风力发电系统能量的动态分析。

本章综合考虑制约机组输出特性的内、外影响因素,且将实际各外因对应的流场特性通过改变来流、叶尖速比、偏航角等效替代,使得不同工况对应的气动特性、散热特性叠加到发电机内物理场而形成双势场耦合行为。采取风洞实验与数值模拟计算结合的方法,最终以输出效率变化特性表征多因素迭代激励的总响应效果。通过所建风电系统㶲与熵数学模型,以熵产率、熵流率、㶲损率及㶲流率量化多因素耦合过程与产能效率的相关性,进而探究多因素耦合机理,且以权重分析法衡量各因素对机组效率的影响程度,并提出不可逆损耗最小、效率最大的切实可行方案。

具体研究技术路线为:基于实验、数值模拟和理论分析相结合的研究方法,通过搭建专用实验平台对机组进行实验测试,并采用适用于风电系统㶲与熵分析法的数值模拟手段,针对两种翼型风轮与两种结构发电机系统开展机组效率优化研究。首先建立风电系统熵、㶲分析数学模型,考虑不同来流矢量、不同叶尖速比对应的外流场特性,采集各工况对应的中心尾迹区流场速度矢量分布,并同步采集轴转矩、轴功率及输出信息,进而获取输出特性变化规律及㶲流率动态规律;然后将中心尾迹区流场速度矢量及旋转激励作为初始约束条件,建立内—固—外求解域模型,采取有限公式法模拟分析外流场作用的电机内部温度场、流场、电磁场耦合情况，得到熵产率、㶲损率、熵流率的变化特性，并借助场—路耦合手段，探究磁场畸变对输出特性的影响程度，再结合其他场的计算结果，探究各诱因对熵、㶲动态分布的影响方式，进而揭示电磁与热双势场耦合激励对输出效率的响应规律；最后，基于上述研究，结合权重分析法与多因素单目标优化方法，归纳总结各本质因素与不可逆损耗的关联程度及对机组产能效率的影响规律，提出产能效率极大化的优化方案。

6.1 系统熵产分析

6.1.1 损耗与熵产的关系

永磁风电系统运行时存在损耗、场路耦合、导热及对流换热等多种物理过程，而有限元分析的直接结果仅能表示单一变化过程，因此以熵作为不同类物理过程分析与研究的基准，进而针对有限元分析结果做翔实的后处理。

风电机组是基于热力学第一定律的一种能量利用机械系统。而熵变是一种与损耗联系密切的物理量，因此风电机组运行时必定伴随着熵的动态变化。然而发电机作为闭口系统，不可逆绝热过程中熵之所以增大，是由于过程中存在不可逆因素引起的耗散效应，使损失的机械功转化为耗散热而被环境冷源带走，这部分因耗散热产生的熵增量，以熵产 S_g 表示[196-198]。

6.1.2 系统熵产模型

参照热力学孤立系统的定义，本研究将风电机组本体、发电机内部工质以及各自的输出功率，外流域视为孤立系统。由于该过程不可逆，根据热力学第二定律中孤立系统熵增原理 $dS_{iso}=\Delta S_g>0$，建立系统熵变数学模型如下

$$S_{g,iso}=S_{g,f}+S_{g,l}+S_{g,h}+q_m(s_2-s_1) \quad (6-1)$$

式中　　$S_{g,f}$——发电机内部流体工质熵产；

$S_{g,l}$——因各种损耗而引起的熵产；

$S_{g,h}$——发电机向尾迹流场散热过程熵产；

q_m——质量流量；

s_1、s_2——流域进、出口熵值。

假设外流域足够大，进出口质量流量 q_m 为恒值，则 $\Delta(s_2-s_1)=0$，则风电系统熵变数学模型可简化为

$$S_{g,iso}=S_{g,f}+S_{g,l}+S_{g,h} \quad (6-2)$$

且其熵产系统模型如图 6-1 所示。

其中 $S_{g,l}$ 是由包括铜损、铁损、涡流损耗、机械损耗及振动损耗等损耗引

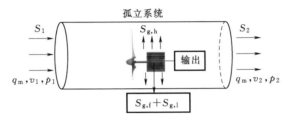

图 6-1　熵产系统模型

起的流体压差，由于振动损耗所占比重较低以及机械损耗的不可测性，本研究主要考虑其他三种损耗。因此可基于热力学第二定律得出发电机电磁损耗过程中的熵产为

$$S_{g,l} = \frac{dP}{T\,dV} \qquad (6-3)$$

式中　dP——损耗功率；

　　　dV——损耗所占体积微元。

发电机向外散热过程的熵产为

$$S_{g,h} = \frac{q_h}{T_1} - \frac{q_h}{T_2} \qquad (6-4)$$

式中　q_h——固体间的换热量；

　　　T_1——冷源温度即环境温度；

　　　T_2——损耗产生处的温度。

引入 $q = \overline{K}(T_2 - T_1)$，$\overline{K}$ 为 1、2 两物体间的换热系数，则发电机散热过程熵产为

$$S_{g,h} = \overline{K}\left(2 - \frac{T_2^2 + T_1^2}{T_1 T_2}\right) \qquad (6-5)$$

该过程熵产分为三个部分，固体间导热过程熵产 $S_{g,h,s}$、散热表面与尾迹流场强制对流换热过程熵产 $S_{g,h,out}$ 及散热表面向内部流体工质的强制对流换热过程熵产 $S_{g,h,in}$。固体间的导热过程仅受固体导热物性影响，后两者同时受温差、换热面形状、来流矢量及场协同角的共同制约。

发电机内流场散热过程中的熵产为

$$S_{g,f} = \lambda \frac{(\nabla T)^2}{T^2} \qquad (6-6)$$

式中　λ——流体导热系数。

由于 $S_{g,f}$ 对于整机效率及性能的影响与 $S_{g,h}$ 中的 $S_{g,h,in}$ 类同，故本研究不进行分析。

6.1.3 系统熵产分布特性

为全面考虑风电系统运行过程和熵产在发电机不同位置的动态分布,将熵产折算为单位面积的值,即熵产率,其单位为 $W/(K \cdot m^2)$。经模拟计算和实验结果分析可知,发电机熵产率受温升分布、生热率、散热率及发电机结构等因素影响。

为更直观详尽地比较不同对应熵产率的动态分布,得出各因素对熵产率的影响及各因素间的关联性,本研究基于有限元后分析,运用 Matlab 软件针对自变量的来流风速、偏航角、不同槽型变化对熵产率影响情况进行分析,具体如图 6-2、图 6-3 所示。

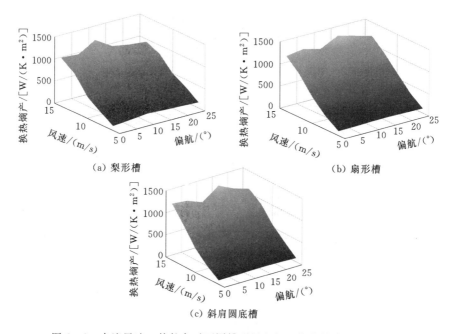

图 6-2 来流风速、偏航角对不同槽型风电机组换热熵产 $S_{g,h}$ 的影响

由图 6-2、图 6-3 可知,不同齿槽类型发电机熵产率由大到小依次是扇形槽、斜肩圆底槽、梨形槽,风电机组熵产率随来流风速增大呈线性升高趋势,在偏航角 $10° \sim 15°$ 时,$S_{g,h}$ 显著增大;随着偏航角增大,$S_{g,l}$ 减小,且当来流风速增大时,其衰减速率变快。

究其原因,扇形槽发电机绕组体积大,产生铜耗的热源较其他槽型发电机多,进而熵产率 $S_{g,l}$ 高,斜肩圆底槽与梨形槽相比,虽损耗热功相近,但散热面积较小,因此散热能力弱,导致局部温升较高,而过高的局部温升致使熵产率 $S_{g,l}$ 下降;当来流增大时,输出电流也随之增大,导致内部各损耗增大,进

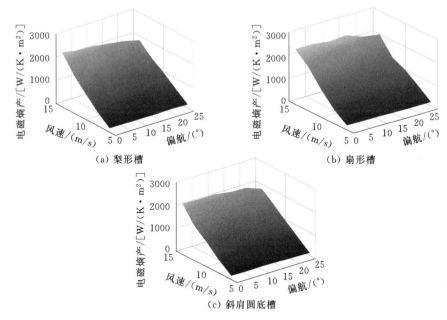

图 6-3 来流风速、偏航角对不同槽型风电机组电磁熵产 $S_{g,l}$ 的影响

而 $S_{g,l}$ 也增大；同理，当偏航角增大时，风轮捕获风能的有效面积减小，则输出电能功率下降，进而 $S_{g,l}$ 降低。

由此看来，$S_{g,l}$ 主要受损耗功率影响，对发电机稳定运行起消极作用，而 $S_{g,h}$ 受换热功率影响，对发电机稳定运行起积极作用，而且 $S_{g,l}$ 是决定 $S_{g,h}$ 值的最主要影响因素，两者呈正相关性，因此 $S_{g,h}$ 随来流风速、偏航角度变化规律大致与 $S_{g,l}$ 相近。又根据场协同理论，增大流场矢量与热通量夹角可增大换热系数，偏航角 10°～15° 可增大永磁风电机组 $S_{g,h}$，偏航角继续增大时，换热表面温度降低，进而导致换热量大幅减少。三种槽型的发电机在多因素耦合作用下，换热量及温升皆发生改变，增大 $S_{g,h}$ 的幅度和能力依次为：扇形槽 34.2%，斜肩圆底槽 23.1%，梨形槽 18.1%。因此，在 $S_{g,l}$ 确定时，齿槽结构及偏航角是风电机组 $S_{g,h}$ 的重要影响因素。

6.1.4 熵产极小化优化策略

通过对系统熵产影响因素进行分析，可拟合出机组熵产率 $S_{g,h}$ 随来流风速 v、气隙长度 l 的具体量化关系式，即

$$S_{g,h}=0.2+0.5v+0.34v^2l^2+0.62vl^2+0.11vl$$

其中 $v\in(6\sim14)\mathrm{m/s}$, $l\in(2\sim8)\mathrm{mm}$

对自变量来流风速及定、转子间气隙长度变化对熵产率的影响进行分析，结果如图 6-4、图 6-5 所示。

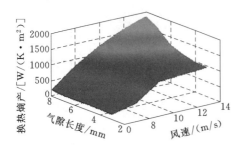

图 6-4 来流风速、气隙长度对风电机组换热熵产 $S_{g,h}$ 的影响

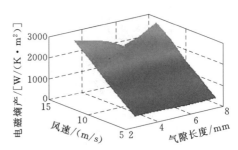

图 6-5 来流风速、气隙长度对风电机组电磁熵产 $S_{g,l}$ 的影响

由图 6-4 可知，气隙长度增大时，风电机组 $S_{g,h}$ 增大，变化幅度随来流风速增大而升高。产生这一规律的原因是：一方面，气隙长度较大时，定、转子间流域空间增大，散热能力增强，且高温定子散射到外界的辐射能更多，从而磁钢温升降低，进而熵变减小，即系统熵产率增加；另一方面，来流风速增大导致转子转速提高，流体黏滞力使来流湍流强度增大，进而提高流固换热系数，使得 $S_{g,h}$ 随气隙增大而增大的现象更为凸显。

图 6-4 可知，$S_{g,l}$ 随着气隙的增大而呈现出先下降后升高的趋势。究其原因，当气隙增大时，加强了整机散热能力，使得转子及定子温升有所降低，而损耗本身并未发生太大变化，致使 $S_{g,l}$ 下降；且随着来流风速的增大，$S_{g,l}$ 降低幅度越大；气隙长度逐渐增大，$S_{g,l}$ 继续增大，该现象的本质原因是电磁场的制约作用：气隙长度增加，磁路磁阻增大，磁力线被削弱，电磁损耗增大。

综合上述熵产分析结果，风电系统熵产主要源于内部铜耗、铁耗及其他涡流损耗的产生及散失过程。向内流场散失主要通过定、转子间气隙强制对流换热及电机端部空间的自然对流，向外流场散失通过外壳散热面的强制对流换热；因为损耗产生、散热过程皆不可逆，因此风电系统熵产率恒大于零；根据热力学第二定律，熵增大即系统朝着无序性增大的方向运行，因此永磁风力发电机随着系统的运行，局部热量逐渐积聚，致使局部熵产率增大；风电系统熵产主要受生热率影响，其次受温升制约；熵产率影响风电机组的运行稳定性，其中 $S_{g,l}$ 起决定性制约作用，在 $S_{g,l}$ 确定时，增大 $S_{g,h}$ 可提高发电机运行特性；$S_{g,h}$ 和 $S_{g,l}$ 皆受槽型、来流风速、偏航角及气隙长度的影响，本研究经大量数值模拟采集点数据及后处理分析，得出了熵产变化规律和样机最佳运行工况，并给出风电机组优化方案。

6.2 系统㶲特性分析

6.2.1 系统㶲分析模型

对于任一产能系统 k，因不可逆性及流体工质流失而导致其㶲减少，且满足系统㶲平衡方程

$$E_{S,k} = E_{P,k} + E_{D,k} + E_{L,k} \qquad (6-7)$$

式中 $E_{S,k}$，$E_{P,k}$，$E_{D,k}$，$E_{L,k}$——k 系统的能量来源、输出㶲、㶲损和㶲流。

在本研究中，系统的产能效率完全取决于㶲损率和㶲流率，即

$$\eta = \frac{E_{P,k}}{E_{S,k}} = \frac{E_{S,k} - E_{D,k} - E_{L,k}}{E_{S,k}} = 1 - \frac{E_{D,k}}{E_{S,k}} - \frac{E_{L,k}}{E_{S,k}} \qquad (6-8)$$

其中㶲损率由内部不可逆损耗决定，㶲流率受流体工质所散失的能量影响。

一部分㶲损可通过改变结构、运行条件等方法进行避免或降到最低，而另一部分由于系统特性的极限而无法被削弱，即不可避免㶲损，于是㶲损方程可表示为

$$E_{D,k} = E_{D,k}^{AV} + E_{D,k}^{UN} \qquad (6-9)$$

式中 $E_{D,k}^{AV}$——可避免㶲损；

$E_{D,k}^{UN}$——不可避免㶲损。

在实际运行中，每单位输出㶲所含不可避免的不可逆㶲损率 $(E_D/E_P)_k^{UN}$，是通过适当设计 k 系统的结构参数、各部件匹配特性等性能参数共同决定，而降低可避免㶲损率是达到产能最大化的优化方案。

此外，通过 $E_{P,k}$、$E_{S,k}$ 衡量 k 系统的能量利用情况，即能量利用率为

$$\mu_k = \frac{E_{P,k}}{E_{S,k}} \qquad (6-10)$$

本研究基于系统中因系统特性局限而存在不可避免的不可逆㶲损，对能量利用率进行修正，进而得到改进能量利用率为

$$\mu_k^* = \frac{E_{P,k}}{E_{S,k} - E_{D,k}^{UN}} = 1 - \frac{E_{D,k}^{AV} + E_{L,k}}{E_{S,k} - E_{D,k}^{UN}} = 1 - \frac{E_{D,k}^{AV}}{E_{S,k} - E_{D,k}^{UN}} - \frac{E_{L,k}}{E_{S,k} - E_{D,k}^{UN}}$$

$$(6-11)$$

引入可避免㶲损率 $\eta_{D,k}$ 及㶲流率 $\eta_{L,k}$，记为

$$\eta_{D,k} = \frac{E_{D,k}^{AV}}{E_{S,k} - E_{D,k}^{UN}} \qquad (6-12)$$

$$\eta_{L,k} = \frac{E_{L,k}}{E_{S,k} - E_{D,k}^{UN}} \qquad (6-13)$$

因此考虑整机特性局限性的改进㶲利用率 μ_{k}^{*} 可表示为

$$\mu_{\mathrm{k}}^{*}=1-\eta_{\mathrm{D,k}}-\eta_{\mathrm{L,k}} \qquad (6-14)$$

由此看来，通过分别准确、有效计算可避免㶲损率 $\eta_{\mathrm{D,k}}$ 与㶲流率 $\eta_{\mathrm{L,k}}$，并探究其变化规律，进而分析 μ_{k}^{*} 的影响因素及其权重是一种可行的产能系统效率分析手段，且基于此研究结果可提出具体优化方案。

将㶲平衡数学模型 $E_{\mathrm{S,k}}$、$E_{\mathrm{P,k}}$、$E_{\mathrm{D,k}}$ 和 $E_{\mathrm{L,k}}$ 应用于风电系统，则风电机组㶲平衡模型如图 6-6 所示。

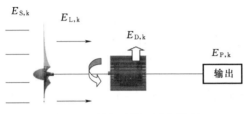

图 6-6　风电系统㶲平衡模型

以来流风能㶲为总输入，经风轮捕获后收益为直驱转轴的旋转机械能，未经利用风动能形成尾迹流场，而其近尾迹流场是发电机强制对流换热的重要冷源，对发电机温升特性起至关重要的作用；远尾迹流场则继续为下游风力机提供来流㶲。

风电系统由旋转轴功至电能的㶲传递、转化过程中，部分机械功不可逆地转化为热能，这部分机械能即为㶲损，其产生诱因为风磨损耗、机械损耗、焦耳损耗、涡流损耗、磁滞损耗及附加损耗等。

在本研究中，㶲损做如下考虑：机械损耗依经验公式，取输出功率的 $1\%\sim 3\%$；风磨损耗依据 CAE 风耗系数计算而得；焦耳损耗是由于输出电流经铜线绕组产生焦耳热导致，即铜耗；磁滞损耗、附加损耗与铁芯中的涡流损耗组成铁耗；其他部位涡流损耗占比较少，可忽略。本研究利用有限元分析方法着重量化铜耗、铁耗、其他涡流损耗。

6.2.2　㶲效率与风电系统特性之间的关联性

由上述风电系统㶲平衡理论可知，风电机组中有效能利用情况繁杂，不可能通过单一手段进行整机㶲效率分析。故本研究通过 PIV 流场测试、有限元多场耦合模拟及输出功率采集实验分别获得风电系统不同部位的㶲效率，并分析其本质影响因素，进而探索影响规律。

基于第 4 章系统及流场测试数据与结果可知，来流风能经风轮部分利用，形成尾迹流场的流速呈外缘至中心递减的梯度分布，尤其在发电机径向 0.25 倍直径附近，流速矢量极小，说明越靠近电机，径向㶲流失量越小，即风轮㶲流失率 $\eta_{\mathrm{L,k}}$ 与由内向外的径向位置成正比；且电机后方出现较明显的中心涡。究其原因，由于 NACA 翼型叶根处尺寸较大，而叶尖处较小，导致叶根处实度较大，风能利用能力较强；电机后方所呈现的中心涡是由于流体的高速运

动，导致后端盖附近产生流体压强差，而这种流势差形成卡门涡，有利于增强
发电机强制对流换热能力，削弱电机内部温升，进而减少㶲损。

1. 㶲流分析

为精确㶲流失量，从而判断风轮的有效能利用率，近尾迹流场中㶲流失量
$E_{L,k}$ 为

$$E_{L,k} = \frac{1}{2}\rho \iint v^2 \, dV = \frac{1}{2}\rho \iint E \, dV \tag{6-15}$$

式中　ρ——外流场流体工质密度，kg/m^3；

　　　v——微元处流速，m/s；

　　　dV——微元体积，m^3；

　　　E——微元湍流动能。

经近尾迹流场测试结果分析，获得了变来流与变偏航角下的㶲流失量，如
图 6-7 所示。

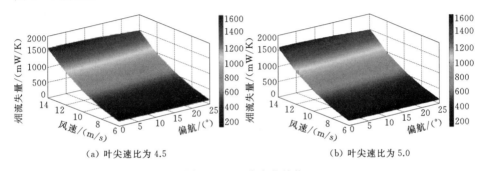

(a) 叶尖速比为 4.5　　　　　　　(b) 叶尖速比为 5.0

图 6-7　㶲流变化趋势

由图 6-7 可知，㶲流失量 $E_{L,k}$ 与来流风速 v 呈正相关，与偏航角呈负相
关。这主要是受风轮迎风面法线方向来流风速大小及风轮风能利用系数的制
约。叶尖速比为 5.0 时，㶲流失量 $E_{L,k}$ 小于叶尖速比为 4.5 时的 $E_{L,k}$，说明叶
尖速比也对风轮㶲流失率 $\eta_{L,k}$ 起决定性作用。

2. 㶲效率分析

通过分析不同翼型工况下的㶲流失量，并结合转矩仪所获取的相应工况下
转速，可得到不同工况下的角速度 ω，然后基于公式

$$\eta_w = \frac{\int \frac{1}{2}v^2 \, dm}{\frac{1}{2}q_m v^2} = \frac{\frac{1}{2}\int r^2 \omega^2 \, dm}{\frac{1}{2}\rho q_v v^2} = \frac{\omega^2 \int r^2 \, dm}{\rho \pi v^3 R^2} = \frac{I\omega^2}{\rho \pi v^3 R^2} = \frac{\omega^2 (I_w + I_s + I_r)}{\rho \pi v^3 R^2}$$

$$\tag{6-16}$$

得到风轮㶲效率 η_w 的动态分布，如图 6-8 所示。

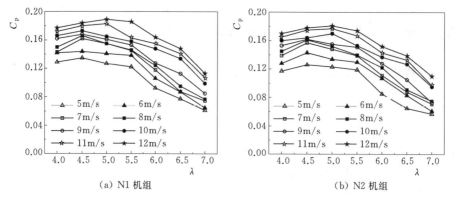

(a) N1 机组　　　　　　　(b) N2 机组

图 6 - 8　风轮㶲效率（N1、N2 机组）

由图 6 - 8 可知，N1 翼型及 N2 翼型所构成的风电机组风轮㶲效率系数 η_w 在 4.0～5.5 内缓慢波动，值峰均出现于 $\lambda=4.5$ 或 5.0 工况，且叶尖速比继续增大时，η_w 迅速降低。在 $V=12m/s$、$\lambda=5.0$ 工况时，N1 及 N2 翼型风电机组均使 η_w 达到最大值，且 N1 翼型风轮㶲效率略大于 N2 翼型。

3. 输出特性与㶲损的关系

基于输出特性测试条件及数据处理方法，得到两种机组功率动态变化规律，如图 6 - 9 所示。

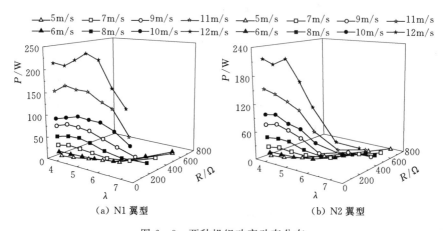

(a) N1 翼型　　　　　　　(b) N2 翼型

图 6 - 9　两种机组功率动态分布

由图 6 - 9 可知，N1 翼型风轮牵引使得各风速下 $\lambda=4.5～5.5$ 时输出功率达到峰值，而 N2 翼型为 $\lambda=5.0$ 时功率最大，且 N1 翼型匹配机组风能利用性优于 N2 翼型。该结论与近尾迹流场测试实验结果相符，说明外流场特性对整机㶲利用率影响较显著；输出功率随来流风速增大而增大，且增长速率也随来流风速逐渐上升。此结果可作为后续有限元分析结论的参照，以验证其准确性。

为更直观、详尽地比较上述不同损耗对应㶲损的动态分布，并得出各因素对㶲损的影响及各因素间的关联性，基于有限元结果后，再运用 Matlab 软件针对来流风速、偏航角、不同槽型等自变量变化对㶲损影响情况进行翔实分析，具体如图 6-10 所示。

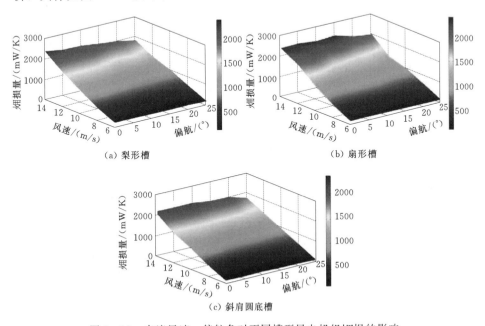

（a）梨形槽　　　　　　　　　　（b）扇形槽

（c）斜肩圆底槽

图 6-10　来流风速、偏航角对不同槽型风电机组㶲损的影响

由图 6-10 可知，来流风速及偏航角确定时，㶲损量 $E_{D,k}$ 由大到小依次是扇形槽、斜肩圆底槽、梨形槽；风电机组㶲损量 $E_{D,k}$ 随来流风速增大而线性升高，且增长速率随来流增大而升高；随着偏航角增大，㶲损减小，且当来流风速增大时，其衰减速率变快。

究其原因，扇形槽发电机绕组体积大，导致产生铜耗热源较大，致使不可逆损耗增多，㶲损量 $E_{D,k}$ 增大，斜肩圆底槽与梨形槽相比，虽损耗热功相近，但散热面积较小，因此散热能力弱，导致局部温升较高，而过高的局部温升致使㶲损量 $E_{D,k}$ 增大；当来流增大时，输出电流也随之增大，导致内部各损耗增大，进而㶲损量 $E_{D,k}$ 也增大，这种变化规律由于受焦耳效应及涡流效应影响，因此与输出特性相近；同理，当偏航角增大时，风轮捕获风能的有效面积减小，则输出电流及涡流皆被削弱，进而㶲损量 $E_{D,k}$ 降低。

由此看来，㶲损量 $E_{D,k}$ 与损耗功率呈正相关特性，㶲损量 $E_{D,k}$ 过大不仅不利于整机产能效率优化，且对于发电机稳定运行起消极作用。又根据场协同理论，增大流场矢量与热通量夹角可增大换热系数，如图 6-10 所示，偏航角 10°～

15°因增大永磁风电机组换热特性，使㶲损量 $E_{D,k}$ 也减弱，偏航角继续增大时，由于换热表面导致换热量大幅减少而温度回升，使得㶲损量 $E_{D,k}$ 继续增加。因此，齿槽类型是㶲损的重要影响因素；偏航角对于㶲损量 $E_{D,k}$ 也有影响。

同上，运用 Matlab 软件对自变量来流风速及定子、转子间气隙长度变化对㶲损量 $E_{D,k}$ 的影响进行分析，结果如图 6-11 所示。

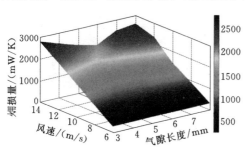

图 6-11　来流风速、气隙长度对风电机组㶲损量的影响

由图 6-11 可知，㶲损量 $E_{D,k}$ 随着气隙的增大而呈现出先下降后升高的趋势。究其原因，当气隙增大时，加强了散热能力，使得转子及定子温升有所降低，致使㶲损量 $E_{D,k}$ 下降；且随着来流增大，㶲损量 $E_{D,k}$ 降低幅度越大；而随气隙长度逐渐增大，㶲损量 $E_{D,k}$ 又继续增大，其本质原因为电磁场的制约。气隙长度增加，磁路磁阻增大，磁力线被削弱，电磁损耗增大。

此外，极对数对发电机㶲损量也起到至关重要的影响。在其他结构参数不变的条件下，永磁发电机极对数减少，极宽增加，气隙磁通密度不变，每极磁通会增大，而电枢轭宽不变，轭部磁通密度增大，轭部本身铁耗增大；同时，轭部磁路易饱和，漏磁增大后，在电枢铁芯中感应涡流增大，因此其损耗增大。如果磁钢材料中铁含量较低，则该现象会减缓。当极对数增多时，每极磁通减少，轭部磁通密度减小，轭部磁路不易饱和，漏磁减少，其损耗被削弱，进而㶲损量降低。

4. 不可逆㶲损率及外流场㶲流率变化规律

基于 PIV 流场测试实验以及发电机多场耦合模拟计算所测的 $E_{D,k}$、$E_{L,k}$ 结果，以来流动能为㶲来源，视斜肩圆底槽、气隙长度为 5mm 发电机在偏航 10°时损耗值为最低极限㶲损值，视其为不可避免㶲损，得出不同工况下㶲损率 $\eta_{D,k}$ 及㶲流率 $\eta_{L,k}$ 的动态变化，如图 6-12、图 6-13 所示。

由图 6-12 可知，不同槽型发电机可避免㶲损率 $\eta_{D,k}$ 由大到小为扇形槽、梨形槽、斜肩圆底槽，主要是由于不同槽型的铜线绕组方式及铜线所占体积的不同导致铜耗各异。$\eta_{D,k}$ 随气隙长度增大而减小，且衰减速率先减小后增大，其原因为 $\eta_{D,k}$ 不仅受电磁损耗的影响，同时也受气动特性影响。当气隙长度增大时，磁阻增大，对于气动转矩的效果影响等同负载电阻增大，同时也受 3.2 节所述电磁损耗变化规律的制约，两者叠加影响效果形成上述 $\eta_{D,k}$ 衰减速率先减小后增大的变化趋势。㶲损率 $\eta_{D,k}$ 随偏航角增大呈先减小后增大趋势，究其

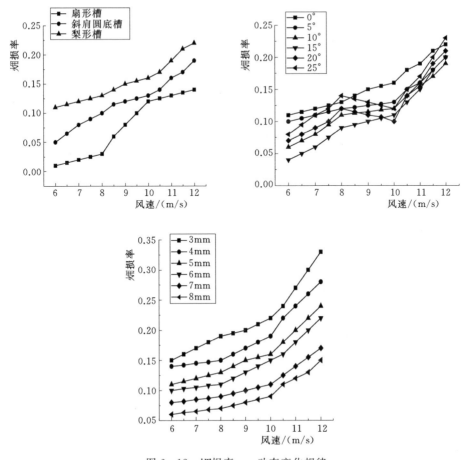

图 6－12　㶲损率 $\eta_{D,k}$ 动态变化规律

原因为 $10°\sim15°$ 时换热特性有所增强，削弱一定量的电磁损耗，但偏航角对 $\eta_{D,k}$ 的影响随来流增大而逐渐削弱。各变量对风电系统 $\eta_{D,k}$ 的影响程度由大至小依次为齿槽类型、气隙长度、偏航角。

由图 6－13 可知，N1 翼型风电机组㶲流率 $\eta_{L,k}$ 普遍小于 N2 翼型的，说明其风能利用特性较优，即气动特性与㶲流率呈负相关变化特性；$\eta_{L,k}$ 在叶尖速比 $4.5\sim5.0$ 处达最大值，该结果与 PIV 流场测试规律一致；$\eta_{L,k}$ 随偏航角增大而减小，且减小速率随来流增大逐渐增大，说明适当偏航有利于整机运行稳定，但当偏航过度，虽减少发电机损耗，但对产能效率具有较显著的不利影响。各变量对风电系统的 $\eta_{L,k}$ 影响程度由大至小依次为风轮与发电机的匹配特性、叶尖速比、偏航角。

㶲流率 $\eta_{L,k}$ 与㶲损率 $\eta_{D,k}$ 虽分别体现的是风轮、发电机的有用能利用情况，但两者也紧密联系。当 $\eta_{L,k}$ 较大时，风电机组近尾迹流场中的流体将具有更大

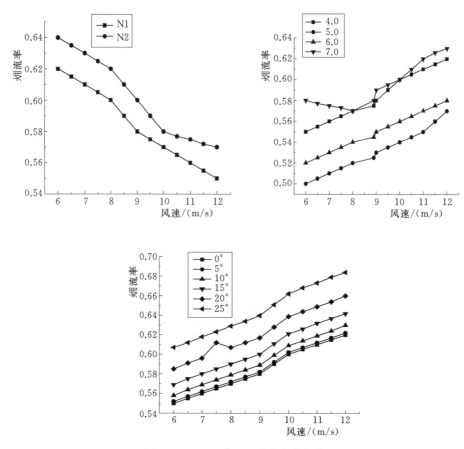

图 6-13　㶲流率 $\eta_{L,k}$ 动态变化规律

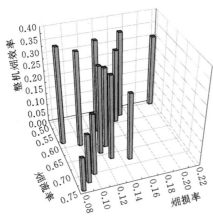

图 6-14　㶲流率、㶲损率变化对整机㶲效率的影响

的动能，即其流速矢量较大。而尾迹流场作为发电机散热的主要冷源，当其流速增大时，发电机强制对流换热能力增强，进而内部温升降低，使得损耗减少，导致同转速下的 $\eta_{D,k}$ 降低。为进一步分析 $\eta_{L,k}$ 与 $\eta_{D,k}$ 间的制约性，及其制约性对 μ_k^* 的影响程度与幅度，对实验及模拟所采集数据进行对比分析，得到多因素动态变化影响下，$\eta_{L,k}$、$\eta_{D,k}$ 变化对 μ_k^* 的影响规律，及 $\eta_{L,k}$、$\eta_{D,k}$ 间的相互制约规律，如图 6-14 所示。

如图 6 - 14 所示，通过偏航、改变叶尖速比、发电机匹配特性等方法增大 $\eta_{L,k}$ 时，$\eta_{D,k}$ 整体趋势逐渐降低，且降低幅度随 $\eta_{L,k}$ 增大而更显著。究其原因，一方面，当 $\eta_{L,k}$ 较大时，风电机组近尾迹流场中的流体将具有更大的动能，即其流速矢量较大，而尾迹流场作为发电机散热的主要冷源，当其流速增大时，发电机强制对流换热能力增强，进而内部温升降低，使得损耗减少，使得同转速下的 $\eta_{D,k}$ 降低；另一方面，能影响发电机换热能力的尾迹流场部分仅为发电机 2 倍径向尺寸内的流场，而此部分流场经风轮有效利用，流速较小，尤其是低风速下，$\eta_{L,k}$ 虽增大，但这部分流体的流速并未显著增大，即发电机换热性能仅略微增强，进而对 $\eta_{D,k}$ 的影响有限，仅当 $\eta_{L,k}$ 较大时，发电机周围流场矢量发生较大变化，上述现象才较为凸显。当 $\eta_{L,k}$ 增大时，$\eta_{D,k}$ 被削弱，虽风电机组运行特性及发电机使用寿命增强，但此时 μ_k^* 衰减幅度更大，即有用能利用性降低。因此 $\eta_{L,k}$ 对 μ_k^* 的影响权重相对 $\eta_{D,k}$ 更大。

此外，μ_k^* 的最大值为 0.38，分别对应的 $\eta_{L,k}=0.56$ 及 $\eta_{D,k}=0.08$，这一状态的风电机组外部及内部参数为：来流风速 8m/s、偏航 10°、叶尖速比 4.5、齿槽结构为梨形槽、气隙长度 3mm、风轮翼型为 N1 翼型。当烟流率 $\eta_{L,k}>0.56$ 时，μ_k^* 急速降低；当 $\eta_{L,k}<0.56$ 时，μ_k^* 降低幅度较小。究其原因，当 $\eta_{L,k}$ 大于最优工况的烟流率时，由于风轮的风能利用性降低，导致整机旋转轴功减少，从而输出功率大幅度降低，进而 μ_k^* 迅速下降；当 $\eta_{L,k}$ 小于最优工况的烟流率时，由于尾迹流场风矢量的减少，影响发电机散热特性，使得其内部损耗加剧，即烟损增加，但烟损增加幅度较小，形成 μ_k^* 小幅度降低的现象。

基于上述分析，若以风电机组最优运行特性为优化目标，应优先分析 $\eta_{D,k}$ 相关影响因素，且适当增大 $\eta_{L,k}$，以削弱 $\eta_{D,k}$，提高机组产能效率 μ_k^*，并确保发电机工作寿命，同时未被有效利用的风能仍可被远尾迹下游风电机组所利用；本研究以 μ_k^* 为优化目标，应优先分析 $\eta_{L,k}$ 的影响因素，但考虑其相关因素较少，且难以优化等特性，以及存在贝茨极限等特性，$\eta_{D,k}$ 分析仍必不可少，因此需进行后续影响因素的权重分析。

6.3　本章小结

基于第 5 章所进行流—热—磁有限元耦合计算与分析，通过本章所建立的熵与烟数学模型，分别获得生热及换热过程中的熵产、烟流、烟损率、烟效率的分布情况，并借助熵增理论进一步对模拟结果进行理论分析。结果表明，熵产是衡量永磁风电机组运行情况与产能效率的可靠指标，且能够反映内部物理场的耦合程度与分布特点。此外，结合熵增理论可判断风电机组电磁与热性能，具体结论如下：

（1）熵产分布状况由散热性能、电磁结构、永磁体磁性能及机组匹配情况等多因素耦合决定，即属于多因素单目标体系。

（2）提出了一种基于流—热、热—磁双向耦合的熵产和㶲模型及热力学分析方法，可对风电系统进行熵产、㶲损率、㶲流率的量化计算及产能分析，并为风电系统提升产能效率提出一种新的研究思路与优化目标。

（3）风电系统熵产主要由 $S_{g,h}$ 和 $S_{g,l}$ 组成，其中 $S_{g,h}$ 对整机特性起积极作用，$S_{g,l}$ 起消极作用，但两者近似呈正相关特性，影响系数为 1.2 左右；$S_{g,l}$ 对总熵产起决定性作用。

（4）㶲损率 $\eta_{D,k}$ 随偏航角增大呈先减小后增大趋势，各变量对风电系统 $\eta_{D,k}$ 的影响程度由大至小依次为齿槽类型、气隙长度、偏航角；㶲流率 $\eta_{L,k}$ 随偏航角增大而减小，且减小速率随来流增大逐渐增大，各变量对风电系统的 $\eta_{L,k}$ 影响程度由大至小依次为风轮与发电机的匹配特性、尖速比、偏航角。

第 7 章

基于多场耦合作用的系统
特性优化研究

　　优化是研究动机和目的。本章基于上述模拟与计算结果所获取的系统性能影响因素和多物理场耦合因素，借助权重分析法、多因素多目标优化法及双层博弈优化模型，建立较清晰的优化流程，开展系统特性的优化研究。旨在探究系统电能质量各指标最佳、功率脉动极小、熵产极小、产能效率极大的可行性措施，并以系统㶲效率、㶲经济为新视角，探索多场耦合的可行性解耦条件与具体合理方案。

7.1　电能质量优化

7.1.1　影响因素及其关联分析

　　基于第 4、第 5 章测试及仿真分析研究得到的电压及电流谐波畸变率、三相不平衡度和功率因数等指标在不同系列发电机参数、来流风速、叶尖速比及风轮翼型是否加槽等因素制约下的变化规律，为了较为显著地区分主要和次要影响因素，拟采用熵值法进行各因素影响权重计算，该方法的主要特点为计算得到的权重与测试数据特征直接相关，适用于本书的测试结果。

　　下面以电流谐波畸变率 THD_i 为例阐述熵值法在计算各因素对电能质量指标的影响权重中的应用。

　　(1) 计算各发电机参数对于 THD_i 的熵值及差异系数。首先计算各系列发电机同为 N1 翼型风轮驱动时的 THD_i 测试值的算术平均值分别为 0.38、0.70、0.74 和 0.64；其次计算各系列占全部系列之和的比重分别为 0.1545、0.2846、0.3008 和 0.2602；然后利用熵值公式计算发电机参数对于 THD_i 的影响熵值为 0.9794；进而计算发电机参数影响 THD_i 的差异系数为 0.0205。

（2）计算翼型是否加槽对于 THD_i 的熵值及差异系数。首先分别计算采用系列Ⅰ～Ⅳ发电机与 N1 翼型匹配、与 N2 翼型匹配的所有 THD_i 测试值的算术平均值分别为 0.61 和 0.65；其次计算两种翼型 THD_i 所占比重分别为 0.4841 和 0.5159；然后计算风轮翼型是否加槽对于 THD_i 的影响熵值为 0.9993；最终得到差异系数为 0.0007。

（3）计算来流风速 V 影响 THD_i 的熵值及差异系数。首先选取系列Ⅲ发电机与 N2 翼型匹配时的 THD_i 测试值为代表，分别计算 $V=5\sim12m/s$ 下所有叶尖速比的 THD_i 的算术平均值分别为 0.45、0.50、0.59、0.71、0.77、0.90、0.96 和 1.08；其次计算各来流风速下的 THD_i 所占的比重分别为 0.0749、0.0847、0.0986、0.1188、0.1298、0.1505、0.1620 和 0.1807；然后计算来流风速对于 THD_i 的影响熵值为 0.9804；从而得到来流风速影响 THD_i 的差异系数为 0.0196。

（4）计算叶尖速比 λ 影响 THD_i 的熵值及差异系数。首先选取系列Ⅳ发电机与 N1 翼型匹配时 THD_i 测试值为代表，分别计算 $\lambda=4.0\sim7.0$ 下所有来流风速的 THD_i 算术平均值分别为 0.93、0.81、0.71、0.61、0.54、0.49 和 0.41；其次计算各叶尖速比下的 THD_i 所占的比重分别为 0.2077、0.1798、0.1583、0.1360、0.1196、0.1082 和 0.0903；然后计算叶尖速比对于 THD_i 的影响熵值为 0.9815；最终得到叶尖速比影响 THD_i 的差异系数为 0.0185。

（5）根据发电机参数、风轮翼型是否加槽、来流风速、叶尖速比分别对 THD_i 影响的差异系数，不同影响因素的差异系数与其总和的比值即为其对 THD_i 的影响权重，分别为 0.346、0.012、0.330 及 0.312。

同理，利用熵值法按上述步骤可以分别计算以上影响因素对于电压谐波畸变率 THD_u、电压负序不平衡度 ε_{U2}、电压零序不平衡度 ε_{U0} 及功率因数 $\cos\varphi$ 的影响权重，见表 7-1。

表 7-1　　　　　　　　　电能质量评价指标的影响因素权重

影 响 因 素	发电机参数	风轮翼型是否加槽	来流风速	叶尖速比
电流谐波畸变率 THD_i	0.346	0.012	0.330	0.312
电压谐波畸变率 THD_u	0.876	0.004	0.022	0.097
电压负序不平衡度 ε_{U2}	0.716	0.004	0.130	0.150
电压零序不平衡度 ε_{U0}	0.291	0.019	0.313	0.378
功率因数 $\cos\varphi$	0.181	0.004	0.680	0.135

由表 7-1 中的影响权重可知，改善 THD_i 的主要方法为发电机参数、来

流风速及叶尖速比三方面的改进，同时优化风轮翼型也能起到一定的有利作用。THD_u 的最主要影响因素为发电机参数的差异，相较而言叶尖速比、来流风速及风轮翼型是否加槽的影响很小。同样，改善发电机参数对于 ε_{U2} 的降低作用较为显著，而选择合适的叶尖速比、来流风速及翼型也可以起到一定作用。各因素对于 ε_{U0} 的影响程度较为均衡，按照权重大小依次均为叶尖速比、来流风速、发电机参数及风轮翼型。来流风速是造成功率因数增大或减小的最主要因素，发电机参数和叶尖速比为影响较小的次要因素，加槽而改变风轮翼型的影响最小。

7.1.2　优化指标权重确定

1. 主观权重的确定

小型风电机组电能质量评价指标主观权重主要利用层次分析法（AHP法）确定。根据前述，实现 AHP 法的步骤包括建立层次结构模型、构造判断矩阵、层次单排序及一致性检验、层次综合权重计算。

（1）建立层次结构模型。首先，确定层次结构模型第Ⅰ层次目标即最终目标为电能质量最优。其次，将电能质量的五个评价指标分为风能利用指标、功率指标、电流指标及电压指标四类，此四类即为层次结构模型的第Ⅱ层次目标。最后，第Ⅲ层次包括隶属于风能利用指标的风能利用系数 C_p 值、功率指标的功率因数 $\cos\varphi$、电流指标的电流谐波畸变率 THD_i、电压指标的电压谐波畸变率 THD_u 和电压负序不平衡度 ε_{U2}。电能质量评价层次结构模型如图 7-1 所示。

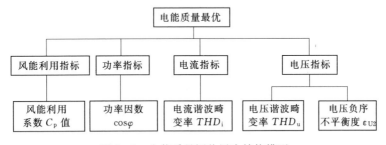

图 7-1　电能质量评价层次结构模型

（2）构造判断矩阵。参考 IEC 与国家标准对上述层次结构模型各评价指标相对重要性的评价为：风能利用指标较功率指标略重要、较电流和电压指标重要，而电压指标中 THD_u 较 ε_{U2} 略重要，因此可依据 D-S 证据理论构建判断（成对比较）矩阵如下：

第Ⅰ层次对第Ⅱ层次的判断矩阵为

$$\boldsymbol{A} = \begin{bmatrix} 1 & 3 & 5 & 5 \\ 1/3 & 1 & 3 & 3 \\ 1/5 & 1/3 & 1 & 1 \\ 1/5 & 1/3 & 1 & 1 \end{bmatrix} \qquad (7-1)$$

第 Ⅱ 层次中电压指标对第 Ⅲ 层次中 THD_u、ε_{U2} 的判断矩阵为

$$\boldsymbol{B} = \begin{bmatrix} 1 & 3 \\ 1/3 & 1 \end{bmatrix} \qquad (7-2)$$

（3）层次单排序和一致性检验。利用 MATLAB 计算矩阵 $\boldsymbol{A}$ 的最大特征根 $\lambda_{\max}(\boldsymbol{A})$ 及特征向量，得 $\lambda_{\max}(\boldsymbol{A}) = 4.0435$，其对应的正规化特征向量即可近似作为矩阵 $\boldsymbol{A}$ 的权重向量，表征第 Ⅱ 层次指标对第 Ⅰ 层次目标的影响权重，计算得此向量为

$$\boldsymbol{W}_{\text{I-Ⅱ}} = [0.5596 \quad 0.2495 \quad 0.0955 \quad 0.0955]^{\mathrm{T}} \qquad (7-3)$$

同理，$\lambda_{\max}(\boldsymbol{B})$ 为 2，第 Ⅲ 层次指标中 THD_u、ε_{U2} 对电压指标的影响权重向量，即判断矩阵 $\boldsymbol{B}$ 的权重向量为

$$\boldsymbol{W}_{\text{Ⅱ(电压指标)-Ⅲ}} = [0.750 \quad 0.250]^{\mathrm{T}} \qquad (7-4)$$

对于 $\boldsymbol{A}$ 进行一致性检验为

$$CI = \frac{\lambda_{\max}(\boldsymbol{A}) - n}{n-1} = \frac{4.0435 - 4}{4-1} = 0.0145 \qquad (7-5)$$

随机一致性指标 $RI = 0.89$，则检验 $\boldsymbol{A}$ 的一致性

$$CR = \frac{CI}{RI} = \frac{0.0145}{0.89} = 0.016292 < 0.1 \qquad (7-6)$$

因此第 Ⅰ 层次对第 Ⅱ 层次的判断矩阵通过一致性检验。此外，由于 $\boldsymbol{B}$ 的行（列）数 $n=2$，因此能够通过一致性检验。

（4）层次组合权重计算。依据矩阵 $\boldsymbol{A}$ 的权重向量可知，电压指标对于电能质量最优的影响权重为 0.0955，矩阵 $\boldsymbol{B}$ 的权重向量已知，因此第 Ⅲ 层次中 THD_u 和 ε_{U2} 对第 Ⅰ 层次的组合权重分别为 0.07163 和 0.02387，则第 Ⅲ 层次对第 Ⅰ 层次的组合权重向量为

$$\boldsymbol{W} = [0.55960 \quad 0.24950 \quad 0.09550 \quad 0.07163 \quad 0.02387]^{\mathrm{T}} \qquad (7-7)$$

因此 C_p 值、$\cos\varphi$、THD_i、THD_u 及 ε_{U2} 对机组电能质量影响的主观权重大小分别为 0.55960、0.24950、0.09550、0.07163、0.02387。

2. 客观权重的确定

测试数据均为非负数，则利用熵值法时无需对数据作非负化处理。且熵值法计算得到的客观权重与测试数据特征直接相关，因此不同实验组数据的客观权重存在一定差异。下面将以系列 Ⅰ 发电机与 N1 翼型风轮组合、叶尖速比 $\lambda = 5.5$ 时各评价指标客观权重的确定过程为例，阐述熵值法在本部分的应用。

（1）分别计算 5～12m/s 风速 C_p 值、$\cos\varphi$、THD_i、THD_u 和 ε_{U2} 占全部风速指标值之和的比重，见表 7-2。

表 7-2　　　　不同来流风速的各评价指标值比重

评价指标	5m/s	6m/s	7m/s	8m/s	9m/s	10m/s	11m/s	12m/s
C_p 值	0.1008	0.1143	0.1199	0.1205	0.1263	0.1304	0.1345	0.1532
$\cos\varphi$	0.1000	0.1186	0.1276	0.1289	0.1299	0.1312	0.1317	0.1321
THD_i	0.0780	0.0887	0.0993	0.1135	0.1312	0.1489	0.1667	0.1738
THD_u	0.1760	0.1508	0.1425	0.1285	0.1173	0.0978	0.0950	0.0922
ε_{U2}	0.0983	0.1020	0.1035	0.1055	0.1445	0.1465	0.1478	0.1520

（2）根据熵值及差异系数计算公式，计算各评价指标的熵值及差异系数，见表 7-3。

表 7-3　　　　各评价指标的熵值及差异系数

评价指标	C_p	$\cos\varphi$	THD_i	THD_u	ε_{U2}
熵值	0.99682	0.99829	0.98242	0.98795	0.99192
差异系数	0.00318	0.00171	0.01758	0.01205	0.00808

（3）分别计算表 7-3 中各指标差异系数占其和的比重，即为熵值法求得的 C_p 值、$\cos\varphi$、THD_i、THD_u 及 ε_{U2} 对电能质量影响的客观权重分别为 0.07461、0.04016、0.41258、0.28292 及 0.18972，即客观权重向量为

$$S=[0.07461\ \ 0.04016\ \ 0.41258\ \ 0.28292\ \ 0.18972]^T \qquad (7-8)$$

总结以上计算结果，并确定各评价指标影响电能质量的综合权重，见表 7-4。

表 7-4　　　　各评价指标权重

评价指标	C_p	$\cos\varphi$	THD_i	THD_u	ε_{U2}
主观权重（W）	0.55960	0.24950	0.09550	0.07163	0.02387
客观权重（S）	0.07461	0.04016	0.41258	0.28292	0.18972
综合权重（WS）	0.36003	0.08641	0.33976	0.17475	0.03905

7.1.3　多目标优化分析

小型风力发电机组电能质量评价的最终目标是寻找最优匹配结果下的最优电能质量工况，而电能质量最优不可限于单个电能质量评价指标达到最优值，而是针对多个评价指标进行综合考量，而多目标评价方法正是解决此类问题的主要途径。

1. 构造目标函数

构造合理的目标函数是多目标评价的基础，而本研究中对于电能质量评价目标产生影响的自变量较多，包括发电机参数、翼型种类、来流风速 V、叶尖速比 λ。求解多元自变量的函数难度较大，须从合理构建目标函数的角度寻求简易的求解过程。

评价电能质量的目标函数须包括风能利用系数 C_p 值、功率因数 $\cos\varphi$、电流谐波畸变率 THD_i、电压谐波畸变率 THD_u 及电压负序不平衡度 ε_{U2} 各自的函数，分别设其为 f_1、f_2、f_3、f_4 及 f_5，依据单目标化解法构造多目标评价目标函数为

$$f = f(f_1, f_2, f_3, f_4, f_5) \tag{7-9}$$

值得注意的是，在约束条件区域内 $f(f_1, f_2, f_3, f_4, f_5)$ 是 f_1、f_2、f_3、f_4 及 f_5 的单调增函数，即在各评价指标向优化或恶化发展时，电能质量也随之优化或恶化。

根据测试结果，各类匹配下所有评价指标函数值均在叶尖速比 λ 为定值时随来流风速 V 增大发生单调变化，因此选定函数自变量 V 为 x，其约束条件区域为 $5 \leqslant x \leqslant 12$（$x \in N^*$），分别建立不同 λ 下的多目标评价模型。又增大 C_p 值及 $\cos\varphi$ 均对电能质量优化有益，而增大 THD_i、THD_u 及 ε_{U2} 则对电能质量改善不利，故以 $f_1 = f_1(x)$、$f_2 = f_2(x)$、$f_3 = -f_3(x)$、$f_4 = -f_4(x)$ 及 $f_5 = -f_5(x)$ 保证 f 为其单调增函数。则该多目标评价问题可归结为建立单目标评价数学模型来解决，即

$$\max f = f[f_1(x), f_2(x), -f_3(x), -f_4(x), -f_5(x)] \tag{7-10}$$

$$s.t. \begin{cases} x - 5 \geqslant 0 \\ x - 12 \leqslant 0 \\ x \in N^+ \end{cases} \tag{7-11}$$

以上数学模型仅可表征电能质量评价指标的构成及自变量的约束条件，未具体反映各评价指标之间的复杂关系以及对电能质量的影响大小，因此在构造确切目标函数时需要考虑利用指标权重的计算方法，故有

$$\max f = WS_1 f_1(x) + WS_2 f_2(x) - WS_3 f_3(x) - WS_4 f_4(x) - WS_5 f_5(x) \tag{7-12}$$

$$s.t. \begin{cases} x - 5 \geqslant 0 \\ x - 12 \leqslant 0 \\ x \in N^+ \end{cases} \tag{7-13}$$

式中　WS_1、WS_2、WS_3、WS_4、WS_5——对应 C_p 值、$\cos\varphi$、THD_i、THD_u 及 ε_{U2} 的综合权重值。

式（7-12）即为电能质量指标综合评价的具体数学模型，在对比计算各

匹配情况下不同叶尖速比的最优目标函数值的基础上，即可确定最优电能质量输出的匹配情况及工况。

2. 目标函数求解

鉴于电能质量指标在不同测试数据组中较为离散，难以将其拟合为与自变量相关的统一目标函数多项式，因而必须以各种匹配情况风力发电机组在每一叶尖速比下的实验结果分组，针对测试数据构造不同的实验组目标函数，以较为准确地反映实际问题的变化规律。首先拟合各实验组指标 C_p 值、$\cos\varphi$、THD_i、THD_u 以及 ε_{U2} 的目标函数 $f_1(x)$、$f_2(x)$、$f_3(x)$、$f_4(x)$ 和 $f_5(x)$，将每一实验组拟合目标函数分别代入式（7-10）中的数学模型，求解各实验组目标函数最优解，确定每一实验组 s 最优目标下的来流风速 V 值，然后对比各实验组的最优目标值即可确定总的最优目标。

在利用实验测试数据拟合 $f_1(x)$、$f_2(x)$、$f_3(x)$、$f_4(x)$ 和 $f_5(x)$ 的多项式过程中，采用基于最小二乘法的"$polyfit$"函数对测试数据进行多项式拟合，为使拟合结果与实验测试数据尽可能吻合，需依据拟合多项式计算值与实验测量值的方差计算结果多次修正拟合次数，直到拟合方差值不再减小则说明拟合结果较为理想，可确定其为恰当的拟合多项式。为使得多目标评价过程更加方便快捷，本研究选择采用编写 MATLAB 程序的方式进行各目标函数数学模型的多项式拟合及求解。

3. 结果分析

MATLAB 求解过程导入不同实验数据组，分别计算各正交机组叶尖速比 $\lambda = 4.0 \sim 7.0$ 对应目标函数值，图 7-2 即由系列 I 与 N1、N2 翼型风轮构成机组输出的目标函数值绘制。

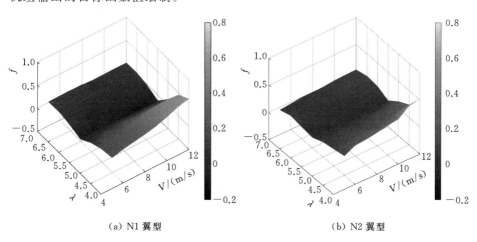

(a) N1 翼型　　　　　　　　　　(b) N2 翼型

图 7-2　系列 I 目标函数计算结果

图 7-2 表明，系列Ⅰ发电机电能质量最优目标函数值为 0.5926，出现在其与 N1 翼型风轮组合后 $V=12\mathrm{m/s}$、$\lambda=4.0$ 工况下，此工况下采用 N2 翼型风轮也存在最优函数值，但较 N1 翼型稍有差距。此外，三维曲面图显示，采用 N1 翼型时系列Ⅰ发电机输出电能质量较优的工况（黄色或浅黄色区域）多于采用 N2 翼型时，尤其在 $\lambda=4.0\sim5.0$ 工况范围内，表明该机组在低叶尖速比下电能质量更佳。

系列Ⅱ发电机构成机组输出的电能质量目标函数值如图 7-3 所示。

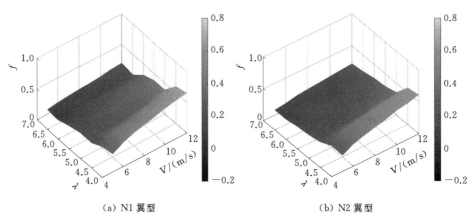

(a) N1 翼型　　　　　　　　　　　　(b) N2 翼型

图 7-3　系列Ⅱ目标函数计算结果

由图 7-2 发现，系列Ⅱ发电机采用 N1 翼型风轮与采用 N2 翼型相比电能质量有所改善，该系列发电机与 N1 翼型风轮组合的 $V=12\mathrm{m/s}$、$\lambda=4.0$ 工况电能质量最优，目标函数值为 0.6534，且采用 N2 翼型也在此工况函数值最大，其为 0.6177。且与系列Ⅰ发电机输出相比，上述最优工况目标函数值显著提高。此外，电能质量较为良好的工况区域也较系列Ⅰ大幅增加，且仍主要集中于 $\lambda=4.0\sim4.5$ 工况，可见该系列发电机也在低叶尖速比工况电能质量更优。

根据图 7-3，系列Ⅲ发电机选用两种翼型风轮均在 $V=12\mathrm{m/s}$、$\lambda=4.5$ 处电能质量最优，N1 与 N2 翼型电能质量评价函数值分别为 0.7765 和 0.7029，前者更好，且对比 N1、N2 翼型，前者电能质量较优的工况更多。

系列Ⅲ目标函数计算结果如图 7-4 所示，表明系列Ⅲ发电机组均在来流风速 V 较高、叶尖速比 λ 较低的范围内电能质量更佳。此外，与系列Ⅰ和系列Ⅱ相比，系列Ⅲ不仅目标函数最大值更高，电能质量较优工况的范围也更大，包括了 $\lambda=4.0\sim6.0$、$V=6\sim12\mathrm{m/s}$ 范围内的大部分区域。

系列Ⅳ目标函数计算结果如图 7-5 所示。电能质量评价函数最大值出现于采用 N1 翼型风轮的 $V=12\mathrm{m/s}$、$\lambda=4.0$ 工况，函数值为 0.5926，可见采用

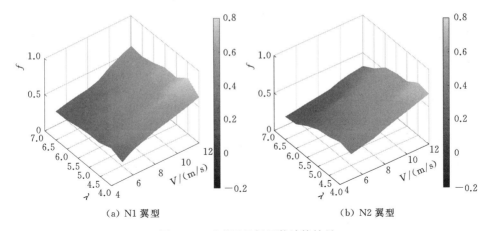

(a) N1 翼型　　　　　　　　(b) N2 翼型

图 7 - 4　系列Ⅲ目标函数计算结果

N1 翼型较优。系列Ⅳ发电机电能质量目标函数值与来流风速相关性较大，但电能质量稍佳的区域仅为 $V=11\sim12\text{m/s}$ 范围内的一小部分。此外，系列Ⅳ发电机所构成机组输出电能质量与系列Ⅲ相比出现一定程度下降，且电能质量较优的工况也少于系列Ⅲ发电机。

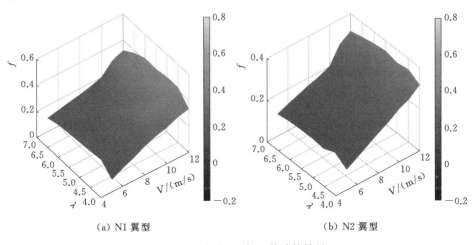

(a) N1 翼型　　　　　　　　(b) N2 翼型

图 7 - 5　系列Ⅳ目标函数计算结果

　　综合上述电能质量目标函数计算结果，系列Ⅲ发电机与 N1 翼型构成机组在 $V=12\text{m/s}$、$\lambda=4.5$ 工况下电能质量评价结果最优，且此机组输出电能质量较优的工况也多于其他机组。N1 翼型风轮与各系列发电机组合的机组电能质量优于 N2 翼型风轮，这与 N1 翼型气动特性优于 N2 翼型具有一致的结论。与Ⅳ系列发电机相比，系列Ⅲ具有最佳电能质量，证实了基于权重分析法的多目标评价方案对小型永磁风电机组电能质量的评价准确而合理。此外，通过上述分析可知，电能质量影响因素复杂多样，不仅与发电机、风轮的固有结构与特性有关，还与两者匹配效果、机组运行工况甚至周围环境的电磁场关联密切，更可能是多因素耦合共同表征电能质量。因此，要提升机组电能质量，必须全方位考虑改进措施。

改变永磁发电机参数对电压谐波畸变率和电压负序不平衡度的变化作用显著，同时对其他指标也具有一定程度的影响，因此其对电能质量的评价及优化尤为重要。而功率因数受来流风速的影响程度远高于其他因素，提升功率因数可以其为针对点。叶尖速比对风能利用系数的影响略高于其他指标，而采用加槽方法改变翼型对于各指标变化的作用均较小。

7.2 功率脉动优化

基于前文实验研究，依据各指标之间的关联性分析，进一步探究风电机组功率脉动极小化优化方案。建立功率脉动极小化双层博弈模型，以系统功率脉动极小化作为一级优化目标，以功率脉动相关评价指标作为二级优化目标，求解各模型的 Nash 均衡点。首先以大自然和人工方作为博弈参与者，将来流风速 V 视为大自然控制变量，叶尖速比 λ 为人工方控制变量，建立大自然与人工的非合作博弈模型，探究各指标最优解对应的可行策略集。又因为系统功率脉动极小化是 ΔP 和 P_R 耦合影响的结果，将 ΔP 和 P_R 视为新博弈阶段的参与者，建立以各评价指标为决策变量的合作博弈模型，获得合作目标值的 pareto 解集。功率脉动双层博弈模型具体信息见表 7-5。

表 7-5   功 率 脉 动 双 层 博 弈 模 型 具 体 信 息

优化阶段	博弈类型	博弈方	优化目标	决策变量
第一博弈阶段	非合作	大自然	$\min \Delta P$	V
	博弈	人工	$\min P_R$	λ
第二博弈阶段	合作	功率脉动	min 功率脉动	$\min \Delta P$
	博弈	评价指标		$\min P_R$

7.2.1 功率脉动子目标非合作博弈优化模型

在风电系统运行过程中，来自大自然的风能本身具有极强的不稳定性和随机性。故大自然作为博弈方目的在于通过改变来流风速增强机组输出功率的波动性，而作为控制机组运行的人工方要通过采取一定的控制策略保证机组输出尽可能平稳，所以建立大自然与人工方为博弈方的非合作博弈模型。探究子目标最优解求解过程，以功率脉动量 ΔP 为例。将 ΔP 作为优化目标，以来流风

速 V、叶尖速比 λ 作为决策变量，建立大自然与人工的非合作博弈模型，经迭代求解后该非合作博弈过程达到稳定状态，即获得功率脉动量 ΔP 最优时的 Nash 均衡解。

1. 构造非合作博弈目标函数

本节基于前文实测数据，以获得风电机组极小功率脉动为目的，以功率脉动量 ΔP 和功率脉动率 P_R 为子优化目标，采用 2.5.4.1 节中的方法建立非合作博弈目标函数。以 S1 翼型风轮与系列 I 发电机匹配机组功率脉动量 ΔP 随来流风速 V 和叶尖速比 λ 变化关系为例，建立功率脉动量 ΔP 与 V 和 λ 之间的多项式数学关系为

$$f_1 = -42.6036 + 8.2027x + 4.9548y - 0.4382xy - 0.5679x^2 + 0.2962y^2$$
(7-14)

式中　f_1——功率脉动量 ΔP；

　　　x——来流风速 V，m/s；

　　　y——叶尖速比 λ。

本书建立的功率脉动量收益函数具有如下特点：

(1) 机组输出功率的脉动量随大自然博弈方主导的来流风速增大而逐渐升高，并且随来流风速增大，功率脉动量增长率呈上升趋势。当风速上升时，携带的能量也明显增大，风能的随机性以及风轮在高风速下振动效果更明显。

(2) 当来流风速为定值时，功率脉动量 ΔP 随叶尖速比 λ 变化不明显，但随着叶尖速比持续增大至较大值时，功率脉动量存在较明显的上升；在低叶尖速比区域时，翼型的气动特性较稳定，当叶尖速比过大时，出现翼型失速现象，风轮对来流的利用能力明显下降。

其他功率脉动评价指标与相关评价指标与功率脉动量优化过程相同，分别如下：

功率脉动率 P_R 与 V 和 λ 的函数关系式为

$$f_2 = 23.4578 - 1.7584x + 1.8025y - 0.1425xy - 0.0183x^2 + 0.0720y^2$$
(7-15)

电压谐波畸变率 THD_u 与 V 和 λ 的函数关系式为

$$f_3 = 2.2383 - 0.2618x - 0.1611y + 0.0116xy + 0.0062x^2 + 0.0037y^2$$
(7-16)

风能利用系数 C_p 与 V 和 λ 的函数关系式为

$$f_4 = -0.6951 + 0.1647x + 0.0765y - 0.0045xy - 0.0108x^2 + 0.0017y^2$$
(7-17)

式中　f_2——P_R；

　　　f_3——THD_u；

f_4——C_p；

x——来流风速 V，m/s；

y——叶尖速比 λ。

2. 确定非合作博弈约束条件

基于上述 ΔP 随 V 和 λ 变化的最优数学模型，为将优化结果与实验数据对比验证，风速范围 $5\sim12\text{m/s}$ 及叶尖速比范围 $4.0\sim7.0$，对决策变量进行如下约束

$$s.t\begin{cases}5\leqslant x\leqslant12\\4\leqslant y\leqslant7\\x\in N^+\\2y\in N^+\end{cases} \tag{7-18}$$

3. 非合作博弈结果

求解非合作博弈模型得到各子优化目标的优化结果，见表 7-6。

表 7-6　　　　　　　　　　非合作博弈 Nash 均衡解

参　数	V	λ	目标函数值
ΔP	6	7	3.8302
P_R	11	5.5	0.5839

由表 7-6 可知，分别以 ΔP 和 P_R 作为优化目标进行非合作博弈，当叶尖速比为 7 时 ΔP 获得最优值，因此提高叶尖速比对降低 ΔP 效果明显；V 对 ΔP 和 P_R 的影响差异较大，当机组在低风速工况运行时，虽然 ΔP 获得极小值，但 P_R 恶化明显，为了更好地描述各指标对系统产生的影响，需以两指标为博弈双方，以功率脉动极小化为目标进行合作博弈，选择最优匹配策略。

7.2.2　建立功率脉动极小化合作博弈优化模型

由于以上评价指标在同一测试系统下开展试验测试，试验工况约束条件及决策范围均相同，因此各评价指标决策相互已知，且与整体优化目标系统功率脉动极小化相互关联，所做决策均有利于求解整体优化目标最优。将第一优化阶段的子优化目标转变角色，视为第二优化阶段的博弈方，构建合作博弈模型求解风电机组输出功率脉动极小化问题，选择功率脉动极小化时的最佳运行工况。

1. 构造合作博弈目标函数

该阶段将功率脉动量 ΔP 和功率脉动率 P_R 作为子目标进行合作博弈，得到求解功率脉动极小化的合作博弈模型为

$$\min Z = \left(\frac{Z_1 - Z_1^{\min}}{Z_1^{\max} - Z_1^{\min}}\right) + \left(\frac{Z_2 - Z_2^{\min}}{Z_2^{\max} - Z_2^{\min}}\right) \tag{7-19}$$

式中　Z_1——功率脉动量 ΔP；

　　　Z_2——功率脉动率 P_R。

2. 确定合作博弈约束条件

选取 ΔP 和 P_R 作为合作博弈参与方。通过上文非合作博弈过程，可获得各评价指标获得最优解时的可行策略集，根据可行策略集的取值范围可以获得各评价指标的变化范围，结合实验数据实际变化范围，对各参数进行归一化处理后，共同确定各评价指标作为决策变量的约束条件。Z_1 功率脉动量 ΔP 在试验测试中最大边界为 $[3.2508, 65.0312]$，归一化处理后为 $[0.0020, 0.0400]$。Z_2 功率脉动率 P_R 在试验测试中最大边界为 $[7.1237, 15.9667]$，归一化处理后为 $[0.0123, 0.0276]$。

综上所述，在以功率脉动极小化为目标的各评价指标合作博弈阶段，决策变量约束条件为

$$s.t \begin{cases} 0.0020 \leqslant Z_1 \leqslant 0.0400 \\ 0.0123 \leqslant Z_2 \leqslant 0.0276 \end{cases} \tag{7-20}$$

通过建立以功率脉动极小化为目标的合作博弈模型可得到该优化过程的可行策略集，求解功率脉动极小化对应的机组最佳运行工况从所有可行策略集中筛选得到。

3. 合作博弈结果

以机组整体功率脉动极小化为目标，建立功率脉动量 ΔP 和功率脉动率 P_R 的合作博弈模型。

在求解前对两目标进行归一化处理，对决策变量分别取值，代入合作博弈模型，筛选符合要求的 Pareto 最优解集优化结果，见表 7-7。

表 7-7　　　　　　　　　　合作博弈 Pareto 解集

V	λ	ΔP	P_R	合作目标值
5	7	0.0374	0.0173	1.2584
6	7	0.0347	0.0196	1.3377
7	6.5	0.0327	0.0203	1.3308
8	6.5	0.0312	0.0225	1.4351
9	6	0.0306	0.0254	1.6088
10	6	0.0291	0.0263	1.6282
11	5.5	0.0223	0.0259	1.4231
12	4.5	0.0116	0.0212	0.8343

对比表 7-6 和表 7-7 发现，虽然通过非合作博弈可获得其中某一优化指标的极小值，但采用与之对应的匹配策略时，另一指标恶化明显；在求得各指标的非合作博弈结果后，以功率脉动极小化为博弈目标，以 ΔP 和 P_R 为博弈双方，通过合作博弈获得极小功率脉动的 pareto 最优解，叶尖速比集中在较高值，此时 P_R 恶化较明显，随着 V 从 5m/s 提升至 10m/s 时，ΔP 目标值下降约 22.20%，而 P_R 目标值上升约 52.02%，功率脉动合作目标值上升 29.39%。由此可知，机组处于 $V=10m/s$、$\lambda=6$ 工况下运行时，获得系统功率脉动极小化。

合作博弈获得 pareto 最优解，与功率脉动测试规律具有一致性，表明该优化方法的准确性；采用动态合作博弈可获得唯一最优决策，采用合作博弈解决优化问题具有明显优越性；此外，该匹配策略在实际运行情况下效益较佳，并具有强鲁棒性。

7.3 系统㶲效率优化

依据第 4、第 5 章风电系统试验和仿真分析结果，选择多目标评价法综合评价系统㶲效率。

多目标评价中拟选择权重评价函数为主要数学模型，因此各评价指标权重的确定显得尤为重要。结合层次分析法（AHP 法）确定主观权重，熵值法确定客观权重，再计算上述指标的组合权重，合理地给出每个决策方案的每个标准权数，利用权数求出各方案的优劣次序。

7.3.1 主观权重的确定

（1）建立层次结构模型。把各种因素层次化，然后构造出层次结构图。㶲效率评价的层次结构图分为三层，第Ⅰ层为目标层（O），为㶲效率；第Ⅱ层为准则层（C），包括不可逆㶲损率、流体工质㶲流率；第Ⅲ层为方案层（P），包括齿槽类型、气隙长度、偏航角、叶尖速比、匹配特性。建立整机㶲效率评价层次结构模型如图 7-6 所示。

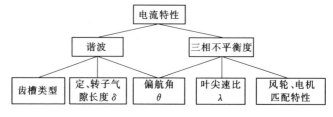

图 7-6 㶲效率评价层次结构模型

（2）构造判断矩阵。按 $1\sim9$ 的比例标度来度量各层指标之间的相对重要性，依据模拟计算与实验所得结果，将㶲效率层次结构模型各指标相对重要性由大到小排列为齿槽类型、气隙长度、匹配特性、偏航角、叶尖速比。

于是，可得到判断矩阵 $A=(a_{ij})_{n\times n}$，a_{ij} 取 $1\sim9$ 的 9 个等级，a_{ji} 取 a_{ij} 的倒数，$1\sim9$ 标度确定如下：$a_{ij}=1$，元素 i 与元素 j 对上一层次因素的重要性相同；$a_{ij}=3$，元素 i 比元素 j 略重要；$a_{ij}=5$，元素 i 比元素 j 重要；$a_{ij}=7$，元素 i 比元素 j 重要得多；$a_{ij}=9$，元素 i 比元素 j 的极其重要。因此，可构建㶲效率评价判断矩阵如下：

第 Ⅰ 层次对第 Ⅱ 层次的判断矩阵为

$$A=\begin{bmatrix} 1 & 3 \\ 1/3 & 1 \end{bmatrix}$$

第 Ⅱ 层次中可避免㶲损率对第 Ⅲ 层次中齿槽类型、气隙长度、偏航角的判断矩阵为

$$B=\begin{bmatrix} 1 & 3 & 5 \\ 1/3 & 1 & 3 \\ 1/5 & 1/3 & 1 \end{bmatrix}$$

（3）确定单层权重向量。利用 MATLAB 计算矩阵 A 的最大特征根 $\lambda_{\max}(A)=2$，对应的正规化特征向量可近似作为 A 的权重向量，即可表征第 Ⅱ 层次对第 Ⅰ 层次的影响权重，即

$$W_{\text{Ⅰ-Ⅱ}}=\begin{bmatrix} 0.750 & 0.250 \end{bmatrix}^{\mathrm{T}}$$

同理，$\lambda_{\max}(B)$ 为 3.0385，则矩阵 B 的权重向量为

$$W_{\text{Ⅱ-Ⅲ}}=\begin{bmatrix} 0.6370 & 0.2583 & 0.1047 \end{bmatrix}^{\mathrm{T}}$$

（4）层次组合权重。依据判断矩阵 A 的权重向量可知，不可逆㶲损率对于第 Ⅰ 层次㶲效率指标的影响权重为 0.750，又矩阵 B 的权重向量已知，故可得第 Ⅲ 层次中齿槽类型、气隙长度、偏航角对第 Ⅰ 层次的组合权重分别为 0.47775、0.19373 和 0.07852，则第 Ⅲ 层次对第 Ⅰ 层次的组合权重向量为

$$W_{\text{Ⅲ-Ⅰ}}=\begin{bmatrix} 0.47775 & 0.19373 & 0.10649 & 0.06457 & 0.15916 \end{bmatrix}^{\mathrm{T}}$$

则齿槽类型、气隙长度、偏航角、叶尖速比、匹配特性对整机㶲效率影响的主观权重分别为 0.47775、0.19373、0.10469、0.06457、0.15916。

7.3.2 客观权重的确定

以 N1 机组在 $\lambda=4.5$ 工况下对应的各评价指标为样本，依据熵值法确定客观权重。

（1）建立数据矩阵，以 8 个测量来流风速和 4 项评价指标正交数据结果建立测试数据矩阵。

（2）分别计算齿槽类型、气隙长度、偏航角、叶尖速比、匹配特性在 $6 \sim 12\text{m/s}$ 每一风速下的数值大小占全部测量风速下的数值之和的比重，见表 $7-8$。

表 7 - 8　　　　　　　　不同风速的各评价指标值所占比重

评价指标	6m/s	8m/s	10m/s	12m/s
齿槽类型	0.2033	0.2346	0.2467	0.2654
气隙长度	0.0965	0.1230	0.1474	0.1626
偏航角	0.1358	0.1278	0.1192	0.1106
叶尖速比	0.1201	0.1243	0.1274	0.1326
匹配特性	0.1337	0.1254	0.1160	0.1101

（3）根据以上权重计算结果，可获得各优化指标的熵值及差异系数，见表 $7-9$。

表 7 - 9　　　　　　　　各评价指标的熵值及差异系数

评价指标	齿槽类型	气隙长度	偏航角	叶尖速比	匹配特性
熵值	0.99996	0.98514	0.98870	0.96159	0.99748
差异系数	0.00265	0.01486	0.00130	0.00034	0.01637

分别计算不同指标的差异系数占差异系数之和比重，即为齿槽类型、气隙长度、偏航角、叶尖速比、匹配特性对㶲效率影响的客观权重分别为 0.13851、0.37568、0.06806、0.11775、0.54584。

结合以上权重计算过程，可以确定各优化指标的综合权重，见表 $7-10$。

表 7 - 10　　　　　　　　各评价指标权重

评价指标	齿槽类型	气隙长度	偏航角	叶尖速比	匹配特性
主观权重（W）	0.47775	0.19373	0.10469	0.06457	0.15916
客观权重（S）	0.13851	0.37568	0.16806	0.01775	0.34584
综合权重（WS）	0.30813	0.28471	0.13637	0.04116	0.25250

综上所述，对风电系统影响程度由大到小依次为齿槽类型、气隙长度、机组匹配特性、偏航角、叶尖速比，并且各因素相互耦合与制约。

7.4　系统㶲经济优化

试验方案参照 3.4 节，为了探究图 $3-17$ 所示的风电储能系统各单元的不可逆程度，以成本差 ΔC、㶲优化潜力 f 及㶲经济因子 S 为评价指标，对系统各单元进行热力学评估及经济性评价，最终确定系统优化方向。

为了验证㶲模型在风电系统的适用性，将风轮转速、系统输出功率、负载额定功率等数据代入本书㶲计算模型，其中风轮转速于$430\sim690\text{r/min}$之间随机波动，得到系统输出电能㶲与负载额定需要㶲结果，如图7-7和图7-8所示。

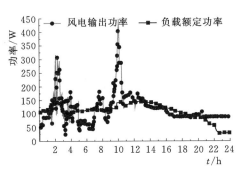

图7-7 系统功率特性曲线

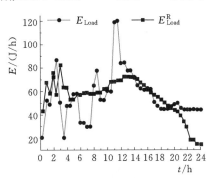

图7-8 系统㶲特性曲线

由图7-7、图7-8可以看出，考察时域内系统的功率特性与㶲特性规律一致，且极大值均位于10.5h时刻。这说明本书所提及的㶲模型可以有效反映风电系统的能量变化情况。

基于本书所作基本假设条件，根据㶲分析法，在考察时域内分别计算风轮、发电机、储能电池的㶲效率，并与实际值进行比较，如图7-9、图7-10所示。

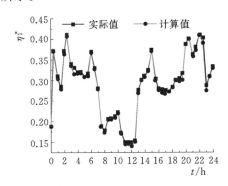

图7-9 风轮㶲效率曲线

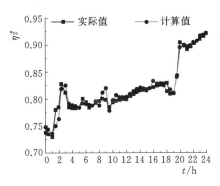

图7-10 发电机㶲效率曲线

图7-9展示了风轮㶲效率η_1^*随时间的变化规律。其总体呈现先降低后升高的趋势，且最小值约为0.15，最大值约为0.42。同时，η_1^*实际值略大于计算值，这是由于计算过程中忽略了旋转机械由于摩擦生热产生的㶲损。

图7-10为发电机㶲效率η_2^*随时间的变化规律。由图可知η_2^*介于$0.73\sim0.92$之间，且随时间大致呈现上升趋势。$0\sim12\text{h}$时段内，实际值与计算值偏

离较大；12～24h 时段内，实际值与计算值偏离较小。这是由于前 12h 内，电池作为用能单元与负载并联运行，电池内阻动态变化导致电路非线性程度增加，而该模型并没考虑场路耦合效应的影响。

为探究储能电池特性对系统㶲效率 η^* 的影响，本研究中储能电池工作状态为：0～12h 时段充电；12～24h 时段放电。

图 7-11 为储能电池充放电过程中㶲效率 η_3^* 的变化规律。充放电过程中 η_3^* 变化趋势大致相同，均于 0.75～0.86 之间缓慢增加，于 0.86～0.95 之间激增。由于本书提出的㶲分析模型并没有考虑电池化学反应引起的不可逆㶲损，且未考虑由于电池恢复特性产生的可逆㶲损。因此由图 7-11 可以看出，η_3^* 实际值明显大于计算值。

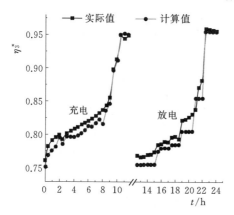

图 7-11　储能电池㶲效率曲线

通过比较系统各单元㶲效率 η_i^* 实际值与计算值可知，各系统实际㶲效率与计算㶲效率波动趋势基本一致，证明本书所建立的㶲分析模型适用于风电系统能效研究。

为了更加准确地比较各单元㶲损大小，从而探索㶲损极小化及㶲效率极大化的可优化方向，在考察时域内对风轮、发电机、储能电池㶲经济特性进行评估，成本差 ΔC 及㶲经济因子 S 计算结果如图 7-12 所示。

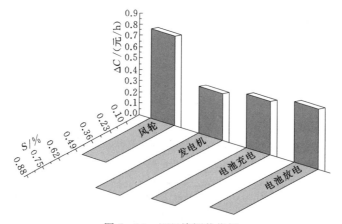

图 7-12　㶲经济评价指标

ΔC 和 S 反映了系统能量成本和非能量成本的消耗情况，㶲优化潜力 f 量化了提高㶲效率的可能性。在考察时域内计算风轮、发电机、储能电池优化潜力分别为 111.3J、6.7J、12.4J。此外，风轮 ΔC 最大，约为 0.8 元/h；发电机 ΔC 最小，约为 0.35 元/h。这是由于 η_1^* 较低，能量转化过程中需要付出较大的成本代价，而发电机具有较高的非能成本，致使其 S 相对较高；储能电池 ΔC 相对较大是由于充放电特性影响 η_3^* 使非能量费用增加。因此，为了提高系统㶲效率 η^*，应适当增加风轮的投资成本，降低发电机非能量成本，并合理地选择电池充放电方式。经上述研究，最终可知，基于㶲经济评估指标分别对风轮、发电机、储能电池进行评估，为找寻㶲效率优化方向提供理论依据。

7.5　本章小结

本章结合了层次分析法主观权重和熵值法客观权重，解决了各影响因素发生变化时，不同指标变化趋势差距较大的问题，更加准确地评估各指标对最终优化目标的影响。熵值法以实测数据为确定客观权重的基础，通过计算差异系数、熵值等获得各指标的客观权重，保证了权重的客观性；层次分析法所构造各指标的判断矩阵，可直观反映各指标权重的差异，确保反映各指标的重要程度；综合赋权法结合了层次分析法计算主观权重和熵值法计算客观权重的优势，同时避免了两种方法的弊病，使最终得到的权重更准确合理。因此，本章充分利用每种方法的优点，结合几种优化法，对风电系统特性进行了全面而可靠的优化研究。研究表明，风电系统参数，运行条件诸如齿槽类型、气隙长度、风轮翼型、偏航角、叶尖速比、匹配特性、负载特性等既是引发多物理场耦合的因素，又是决定系统电能质量和产能效率特性的关键因素，进一步证实了多物理场耦合与系统特性的密切联系，而各因素可为调节参数，具体如下：

（1）给定风轮翼型时，影响电能质量的永磁发电机结构参数有极对数、轴向单极永磁体数量、额定功率和启动转矩；采用气动性能良好的风轮翼型可优化电能质量；限定来流风速、负载阻—感组合结构、叶尖速比等外部因素可提升电能质量。

（2）提高来流风速 V 对功率提升起积极作用，但会导致功率脉动量 ΔP 上升；叶尖速比 λ 对功率脉动率 P_R 影响较大，在高叶尖速比下功率脉动率 P_R 恶化明显；不同极对数的永磁发电机输出功率特性差异明显，提高发电机额定转速对提升功率稳定度起积极作用。

（3）热力学中的熵和㶲可作为运行特性的衡量标准，并运用多目标优化方法，综合分析熵产、㶲效率、㶲经济，可更综合全面地优化风电系统性能。针对研究样机，在 10°～15° 偏航角、5mm 气隙长度时风电系统可达到熵产极小化目标。

第 8 章

总 结 和 展 望

8.1 总结

本书针对直驱永磁风电系统多物理场耦合特性开展了实验、模拟计算、理论分析与优化策略的相关研究。从学科交叉角度考虑，当风轮、发电机、传动机构及控制设备特性发挥到极限时，探索多场耦合机理与解耦条件成为新的突破口，进一步寻找了风电系统性能优化策略。此外，针对流—热、热—磁双向强耦合过程，取长补短地尝试了多种耦合方法相结合，并借助 Matlab/Simulink 仿真分析了系统的电能质量与储能特性；以系统热力学特性为新视角，探索了减少系统熵产、提高㶲效率而降低系统可回避㶲损耗的优化措施，进而确立多场耦合表征与风电系统性能的确切相关规律，旨在获得各影响因素的解耦条件，提出避免多物理场深度耦合而引发系统电能质量与产能效率均下降的可行性方案。

本书的主要结论及创新点如下：

（1）基于最佳输出特性的试验研究，利用 FLIRT-200 红外热成像仪对各部件动态温升规律进行了试验研究，总结了齿槽结构、负载类型及运行条件对温升的影响规律。

由于电机内部各部件的温升随运行条件和结构变化而变化，且电机旋转过程无法采用常规接触式测温仪器测量。为此，本研究在国内尝试采用红外热成像仪，通过背风面端盖切开的 1 对椭圆形小孔对各部件的动态温升进行测量，测试过程需设置不同被测部件表面发射率及吸收率。对同部件测试数据整理后，把离散的试验数据编写成 21×21 矩阵以 M-File 文件导入 Matlab 中，然后通过 meshgrid(x, y) 函数和 surf(x, y, z) 函数相结合，分别绘制出了不同槽型的定子和对应永磁体的温升随负载大小、径向位置变化的三维曲面。结果表明，对于风力发电装置，制约其在高风速段风能利用效率的主要因素之一是发电机的功率极限容量，当给定电机尺寸和材料时，功率极限容量值本质上为电机内部温度场与电磁场耦合作用的表征。

（2）采取了矢量磁位法，通过雅可比共轭梯度求解器（JCG）对发电机动态二维电磁场分析计算，并以 FFT 变换对磁通密度进行了谐波分解，定量分析了谐波含量对铁芯涡流损耗的影响。为温度场铁耗热源的准确加载、永磁体及齿槽结构尺寸的合理设置提供了理论依据。

采取二维有限元模型以矢量磁位 A 法获得了求解域内各节点的磁位，通过后处理器对已求得节点磁位获取磁通密度云图和矢量分布、磁力线分布、气隙磁通密度径向分量分布；由于磁通密度谐波成分较复杂，且谐波引起的铁芯损耗不可忽略，所以通过 Matlab 软件对其磁通密度分布采取了快速傅里叶（FFT）变换，得到了主要谐波分量，准确计算了各次谐波的铁芯涡流损耗，为温度场铁耗热源的准确加载提供了前提保证；气隙长度作为电机设计参数之一，综合磁通密度、涡流损耗、效率及漏磁系数，对于 400W 永磁发电机，取 $0.55 \sim 0.62$mm；由于磁势非正弦分布和齿槽效应的影响，使得磁通密度谐波成分成为影响电磁转矩的主要因素，因此合理设置永磁体及齿槽结构尺寸可改变齿槽转矩，减少谐波成分是降低转矩脉动的有效途径。

（3）针对永磁体材料和绕组材料的温度特性，提出了两种小型风电系统专用永磁发电机各部件电磁场与温度场的耦合迭代计算方法，与实测规律对比获知，该方法是分析涡流损耗与温升关系的有效方法，可以提高计算精度。

针对电机电磁场与温度场存在的强耦合关系，以提高不因温升而受限制的功率极限容量为目的。采用 ANSYS 多场求解器 MFS 单代码耦合方法，以分析定转子铁芯、永磁体的涡流损耗为依据，对其温度场和电磁场进行双向迭代耦合计算，将电磁场分析中的涡流损耗直接作为温度场控制方程的内热源，避免了载荷丢失，实现了载荷的连续性。通过三维棱边元法 EFEM 对不同类型沟槽的三维电磁场计算，确定了电机沟槽内给定电流作用下的瞬态和谐波磁场分布，消除了传统计算方法在非均匀介质三维磁场中存在的不确定因素和不精确解；运用 ANSYS 物理场文件转移载荷耦合法，将电磁场分析结果作为温度场分析的载荷耦合计算分析了沟槽涡流损耗引起的温升分布。结果表明，考虑磁极材料和绕组温度特性时的电磁场与温度场耦合迭代计算方法是表征二场相互关系的有效方法，得到的电机各部件温升分布与试验结果最接近。因此，电磁场与温度场的耦合计算为发电机输出功率下降原因、三相电压正弦畸变程度及转矩脉动等综合性能的分析提高了精确度。

（4）提出一种小型风电机组的电能质量多目标评价方法，综合评价了电能质量测试与仿真结果，并确定了电能质量最优机组构成及运行工况。

基于层次分析法和熵值法构成的多目标评价权重理论，结合机组电能质量评价标准，提出了利用 MATLAB 程序完成评价流程的电能质量综合评价方法。评价结果表明：给定风轮翼型时，影响电能质量的永磁发电机结构参数有极对数、轴向单极永磁体数量、额定功率和启动转矩；采用气动性能良好的风轮翼型可优化电能质量；限定来流风速、负载构成、叶尖速比等外部因素可积极影响电能质量。与主要外特性指标测试结果的一致性证实了该结论是准确而合理的，该方法的提出为小型风力发电机组电能质量评价研究积累了经验。

（5）考虑风轮近尾迹的中心尾迹区流场对发电机内物理场的迭代效果，揭示多物理场耦合作用下，运行工况和机组结构因素分别对功率脉动的主控程度。

建立了以功率脉动极小化为目标的双层博弈模型和多因素单目标优化模型。通过基于综合赋权法的多因素单目标优化模型，详述了局部退磁和未退磁发电机加入电感控制前后极小功率脉动目标优化结果与来流风速 V、叶尖速比 λ 以及发电机参数等因素的相关性，进而验证了加入电感平抑功率脉动的有效性。通过求解博弈优化模型得到了功率脉动极小 Pareto 最优解，与功率脉动测试规律的一致性，验证了博弈优化方法的可行性；综合功率脉动量 ΔP、功率脉动率 P_R、电压谐波畸变率 THD_u 及风能利用系数 C_p 共同评价机组输出功率脉动。研究结果表明：四种运行状态的机组均在中高风速区域内获得较佳的目标函数值，采用该电感注入方法未退磁机组和退磁机组的优化结果分别提升 4.31% 和 8.87%，较佳运行区域分别增加了 7.14% 和 12.52%。最终借助权重分析法获取各影响因素的权重系数，以功率脉动极小化为目标函数，与权重系数对等地赋予不同影响因素的优化和约束力度，并提出具体可行性措施。

（6）基于热—流耦合、热—磁耦合、场—路耦合分析法，获得了风电机组多因素耦合作用下，有效能损失率随各耦合因素的变化规律与相关结论。

经发电机多场场路耦合数值模拟计算，得到了发电机流固共轭换热性能主要受流场矢量的制约的结论；结合场协同理论，提出发电机换热性能评价方法，并依此提出流固接触面的换热性能优化方向；不同槽型发电机有效能损失率存在较大差异；有效能损失率随气隙长度增大而减小，且衰减速率先减小后增大；有效能损失率随偏航角增大呈先减小后增大趋势，但偏航角对其影响随来流增大而逐渐削弱。各变量对风电系统有效能损失率的影响程度由大至小依次为齿槽类型、气隙长度、偏航角。

（7）借助场—路耦合计算方法揭示了多场耦合与产能效率的关系。

从多学科交叉角度出发，基于多场场路耦合方法，考虑发电机内部焦耳效应与汤姆逊效应的叠加影响，揭示了以流场作为换热条件，温度场和电磁场的双势场耦合作用于输出的复杂产能物理过程。通过分析耦合后各场分布及对应输出特性动态变化情况，并与实测值对比，最终得出在不同工况下双势场耦合行为对不可逆损耗及输出效率的影响规律，分析引起热势与电磁势强耦合的关键因素，并通过改善主要因素而探索削弱可避免不可逆损耗的可行性措施，从而可进一步结合熵、㶲分析方法，探究动态物理场对发电效率的影响机理。

（8）改善风轮、发电机结构、运行条件等因素，匹配储能电池双重方案解决因间歇性与不可预知性的风能、负荷不平衡而引发的电能质量问题，并建设发电、储能和负荷组合一体化系统。探索了储能除了削峰填谷的贡献之外，调节电能质量的方法。

通过实验测试，首先间接获得不同机组的电压暂降、电压骤升、电压中断、谐波、低功率因数、三相电压不对称、功率脉动等评判电能质量的指标变化情况；然后基于权重分析法和多目标优化法提出各影响因素的权重系数与优化目标，并探索各因素与电能质量的关联机理，进而提出优化措施；最后针对不同机组配置恰当容量的储能电池，以便补偿和调节电能质量，进而实现供给和负荷需求的平衡状态，系统输出绿色优质电能。

（9）借助热力学分析方法，对系统进行㶲流、㶲损及熵产合理分析，探寻了解耦条件的新突破口和优化效率措施。

通过所建立风力发电系统的热力学分析模型和耦合数学表达式，从量和质方面入手来进行能量传递、转换过程的机理研究。获得了一些重要结论：熵产分布状况由散热性能、电磁结构、永磁体磁性能及机组匹配情况等多因素耦合决定，属于多因素单目标体系；风电系统熵产主要由 $S_{g,h}$ 和 $S_{g,l}$ 组成，其中 $S_{g,h}$ 对整机特性起积极作用，$S_{g,l}$ 起消极作用，但两者近似呈正相关特性，影响系数为 1.2 左右；$S_{g,l}$ 对总熵产起决定性作用；㶲损率 $\eta_{D,k}$ 随偏航角增大呈先减小后增大趋势，各变量对风电系统 $\eta_{D,k}$ 的影响程度由大至小依次为齿槽类型、气隙长度、偏航角；㶲流率 $\eta_{L,k}$ 随偏航角增大而减小，且减小速率随来流增大逐渐增大，各变量对风电系统的 $\eta_{L,k}$ 影响程度由大至小依次为风轮与发电机的匹配特性、尖速比、偏航角。

（10）提出了风电系统有效能利用率平衡模型，并分析了机组有效能利用情况，探究了有效能制约因素及各因素主控规律与程度，并提出了优化系统策略。

来流风速及偏航角确定时，有效能损失量由大到小依次是扇形槽、斜肩圆底槽、梨形槽；风电机组有效能损失量随来流风速增大而线性升高，且增长速率随来流增大而升高；随着偏航角增大，有效能损失量减小，且当来流风速增大时，其衰减速率变快；有效能损失量随着气隙的增大而呈现出先下降后升高的趋势；且随着来流增大，有效能损失量降低幅度越大；而随气隙长度逐渐增大，有效能损失量又继续增大。此外，依据多因素单目标评价方法，给出各本质因素对有效能利用率与电流特性的主控程度。风电系统有效能利用率影响程度由大到小依次为齿槽类型、气隙长度、机组匹配特性、偏航角、叶尖速比，对电流特性影响程度由大到小依次为匹配特性、气隙长度、齿槽类型、叶尖速比、偏航角，并且各因素相互耦合与制约。

8.2　展望

虽然本书针对直驱式风电系统的流场、温度场、电磁场的单场及多场耦合特性等方面开展了试验、数值模拟与理论相结合的相关研究，为优化风电系统特性提供了一些具有参考性的结论。但由于作者水平有限，很多工作有待进一步完善，具体如下：

（1）永磁体涡流损耗的解析表达式需通过实验数据并拟合函数给出，便于定量分析；为了论证定子铁芯涡流损耗的随机性，其热源加载方式应该单元化，且应考虑剖分单元材料的温度特性；流场速度效应产生的突发问题不可忽略，特别是因定转子相对运动所形成的运动媒质对电磁场的影响，会给发电机端部三维电磁场形成的涡流损耗与温度场耦合分析带来很大难度。

（2）尽管所提场—路耦合数值模拟方法具有广泛的实用性，但耦合过程较复杂，且收敛困难、结果数据处理工作烦琐、精度低等弊端是切实存在的。因此，需进一步完善和探索简便、快捷、结果准确而可信的耦合思路与手段。

（3）由于风电系统多场耦合机理及对系统特性的制约方式仍属待解决难点，而实际运行中涵盖多物理动态变化过程，不仅跨越学科，且评判与分析准则不尽相同，因此针对风电系统中不同物理过程耦合表征，要全面获取耦合规律、探索耦合机理与解耦条件，应在原有理论基础上融合其他理论，具体思路有待于试验、模拟计算与仿真结果的分析、反复论证与探索。

（4）传统热—功转换过程涉及的工程热力学概念还需要拓宽，尤其是在风电系统领域内仅含有潜在热—功转换过程，相对应的基于多场耦合的㶲分析、不可逆过程分析等方面研究将面临新的学术挑战。因此借助现代热力学的有限时间热力学分析方法，针对风电系统多场耦合与输出特性的相关研究，如何获得熵产率、产能效率的精确表述，需将风电系统视为非平衡耗散系统，不断尝试和探索，最终形成新的分析方法，寻找动态运行的不可逆因素，即熵产的本质原因，才能确定减小系统不可逆损耗的可行性策略，进而获得耦合场解耦条件，提高系统㶲效率。

参 考 文 献

[1] 郑大周，兰杰. 直驱风力发电机组变桨距自抗扰控制器设计和分析 [J]. 可再生能源，2019，37（12）：1875 - 1881.

[2] 宋亦旭，等. 风力发电机的原理与控制 [M]. 北京：机械工业出版社，2012.

[3] 王建维. 双馈异步和永磁同步风力发电机特性分析 [J]. 自动化博览，2010，27（09）：28 - 30.

[4] Sahu B. K. Wind energy developments and policies in China：A short review [J]. Renewable and Sustainable Energy Reviews，2018，81：1393 - 1405.

[5] Han L，Han B，Shi X，et al. Energy efficiency convergence across countries in the context of China's Belt and Road initiative [J]. Applied Energy，2018，213：112 - 122.

[6] Mason K，Duggan J，Howley E. Forecasting energy demand，wind generation and carbon dioxide emissions in Ireland using evolutionary neural networks [J]. Energy，2018，155：705 - 720.

[7] 邱增广，王宇雷. 基于 TSMC 的直驱式永磁同步风电系统并网控制策略 [J]. 数字通信世界，2019（8）：95 - 96＋78.

[8] 吕绍峰. 永磁直驱风电系统全功率变流器并网控制技术的研究 [D]. 天津：天津理工大学，2019.

[9] 李慧，范梦杨. 储能型直驱永磁同步风电系统并网控制策略 [J]. 北京信息科技大学学报（自然科学版），2018，33（02）：20 - 24.

[10] 姚兴佳，宋俊，等. 风力发电机组原理与应用 [M]. 北京：机械工业出版社，2015.

[11] Zhao R D，Wang Y J，Zhang J S. Maximum power point tracking control of the wind energy generation system with direct - driven permanent magnet synchronous generators [J]. Proceedings of the CSEE，2009，29（27）：106 - 111.

[12] 胡书举，李建林，许洪华. 永磁直驱风电系统低电压运行特性的分析 [J]. 电力系统自动化，2007，31（17）：73 - 77.

[13] Yuan X，Chai J，Li Y. A transformer - less high - power converter for large permanent magnet wind generator systems [J]. IEEE transactions on sustainable energy，2012，3（3）：318 - 329.

[14] 韩金刚，陈昆明，汤天浩. 半直驱永磁同步风力发电系统建模与电流解耦控制研究 [J]. 电力系统保护与控制，2012（10）：110 - 115.

[15] Sahu B. K. Wind energy developments and policies in China：A short review [J]. Renewable and Sustainable Energy Reviews，2018，81：1393 - 1405.

[16] Han L，Han B，Shi X，et al. Energy efficiency convergence across countries in the context of China's Belt and Road initiative [J]. Applied Energy，2018，213：112 - 122.

[17] Han W, Kim J, Kim B. Effects of contamination and erosion at the leading edge of blade tip airfoils on the annual energy production of wind turbines [J]. Renewable Energy, 2018, 115: 817 - 823.

[18] Li L, Liu Y, Yuan Z, et al. Wind field effect on the power generation and aerodynamic performance of offshore floating wind turbines [J]. Energy, 2018, 157: 379 - 390.

[19] Li L, Ren X, Yang Y, et al. Analysis and recommendations for onshore wind power policies in China [J]. Renewable and Sustainable Energy Reviews, 2018, 82: 156 - 167.

[20] Zhou S, Wang Y, Zhou Y, et al. Roles of wind and solar energy in China's power sector: Implications of intermittency constraints [J]. Applied Energy, 2018, 213: 22 - 30.

[21] 杨校生. 中国风电产业发展报告 [ER/OL]. http: //http: news. bjx. com. cn/html/ 20191202/1025039. shtml/2019 - 11 - 30.

[22] Mason K, Duggan J, Howley E. Forecasting energy demand, wind generation and carbon dioxide emissions in Ireland using evolutionary neural networks [J]. Energy, 2018, 155: 705 - 720.

[23] Han W, Kim J, Kim B. Effects of contamination and erosion at the leading edge of blade tip airfoils on the annual energy production of wind turbines [J]. Renewable Energy, 2018, 115: 817 - 823.

[24] Li L, Liu Y, Yuan Z, et al. Wind field effect on the power generation and aerodynamic performance of offshore floating wind turbines [J]. Energy, 2018, 157: 379 - 390.

[25] Li L, Ren X, Yang Y, et al. Analysis and recommendations for onshore wind power policies in China [J]. Renewable and Sustainable Energy Reviews, 2018, 82: 156 - 167.

[26] Zhou S, Wang Y, Zhou Y, et al. Roles of wind and solar energy in China's power sector: Implications of intermittency constraints [J]. Applied Energy, 2018, 213: 22 - 30.

[27] Egorov D, Petrov I, Pyrhonen J, et al. Hysteresis Loss in Ferrite Permanent Magnets in Rotating Electrical Machinery [J]. IEEE Transactions on Industrial Electronics, 2018, 65 (12): 9280 - 9290.

[28] Asef P, Perpina R. B, Barzegaran M. Global sizing optimisation using dual - level response surface method based on mixed - resolution central composite design for permanent magnet synchronous generators [J]. IET Electric Power Applications, 2018, 12 (5), 684 - 692.

[29] Li S, Dong W, Huang J, et al. Wind power system reliability sensitivity analysis by considering forecast error based on non - standard third - order polynomial normal transformation method [J]. Electric Power Systems Research, 2019, 167: 122 - 129.

[30] 马海武, 等. 电磁场理论 [M]. 北京: 清华大学出版社, 2016.

[31]　张操，胡昌伟. 坡印廷定理的再思考 Rethinking of Poynting's Theorem [J]. Modern Physics，2018，8（2）：42.

[32]　Egorov D，Petrov I，Pyrhonen J，et al. Hysteresis Loss in Ferrite Permanent Magnets in Rotating Electrical Machinery [J]. IEEE Transactions on Industrial Electronics，2018，65（12）：9280 - 9290.

[33]　Asef P，Perpina R. B，Barzegaran M. Global sizing optimisation using dual - level response surface method based on mixed - resolution central composite design for permanent magnet synchronous generators [J]. IET Electric Power Applications，2018，12（5），684 - 692.

[34]　Li S，Dong W，Huang J，et al. Wind power system reliability sensitivity analysis by considering forecast error based on non - standard third - order polynomial normal transformation method [J]. Electric Power Systems Research，2019，167：122 - 129.

[35]　Nematollahi O，Hajabdollahi Z，Hoghooghi H，et al. An evaluation of wind turbine waste heat recovery using organic Rankine cycle [J]. Journal of Cleaner Production，2019，214：705 - 716.

[36]　Karakasis N. E，Mademlis C. A. High efficiency control strategy in a wind energy conversion system with doubly fed induction generator [J]. Renewable Energy，2018，125，974 - 984.

[37]　蒋兴良，范松海，孙才新，等. 低居里点铁磁材料在输电线路防冰中应用前景分析 [J]. 南方电网技术，2008，2（2）：19 - 22.

[38]　蔡小军，吴知方，黄文昱. 低居里点磁热铁氧体材料 [J]. 建筑材料学报，2004，7（3）：350 - 353.

[39]　Bandri S，Tio M A. Material selection analysis and magnet skewing to reduce cogging torque in permanent magnet generator [J]. Menara Ilmu，2018，12（10）.

[40]　梁晓斌. 基于预测控制的非稳态传热反问题及应用研究 [D]. 重庆：重庆大学，2017.

[41]　杨世铭，陶文铨. 传热学 [M]. 4 版. 北京：教育出版社，2006：398 - 399.

[42]　邱添，高云霞，邓日江. 高原机车牵引电机绝缘结构的环境适应性 [J]. 电机技术，2017（4）：38 - 42.

[43]　Runlan Huang. A mathematical model of wake speed behind wind turbine [C]. IEEE Beijing Section、China Energy Society. Proceedings of 2013 International Conference on Materials for Renewable Energy and Environment. IEEE Beijing Section、China Energy Society：IEEE BEIJING SECTION（跨国电气电子工程师学会北京分会），2013：414 - 418.

[44]　Seim F，Gravdahl A R，Adaramola M S. Validation of kinematic wind turbine wake models in complex terrain using actual windfarm production data [J]. Energy，2017，123：742 - 753.

[45]　彭博，杜平安，夏汉良. 电子产品多物理场耦合仿真方法研究 [J]. 系统仿真学报，2010（4）：853 - 857.

[46]　Wang Y，Hu R，Zheng X. Aerodynamic analysis of an airfoil with leading edge pitting

erosion [J]. Journal of Solar Energy Engineering, 2017, 139 (6): 06100211 – 06100211.

[47] Aladsani A. S, Beik O. Design of a Multiphase Hybrid Permanent Magnet Generator for Series Hybrid EV [J]. IEEE Transactions on Energy Conversion, 2018, 1 – 9.

[48] Lin Y. T, Chiu P. H, Huang C. C. An experimental and numerical investigation on the power performance of 150kW horizontal axis wind turbine [J]. Renewable Energy, 2017, 113: 85 – 93.

[49] Lam H. F, Peng H. Y. Development of a wake model for a Darrieus – type straight – bladed vertical axis wind turbine and its application to micro – siting problems [J]. Renewable Energy, 2017, 114: 830 – 842.

[50] 曾锐, 平丽浩, 鞠文耀. 电子设备多场耦合求解方法研究 [J]. 现代雷达, 2008 (11): 103 – 106.

[51] Fathabadi Hassan. Novel all – purpose high – power matching device for energy conversion applications [J]. Renewable and Sustainable Energy Reviews, 2017, 149: 121 – 128.

[52] Cacciola S, Riboldi C, Cacciola S, et al. IEqualizing Aerodynamic Blade Loads Through Individual Pitch Control Via Multi – Blade Multi – Lag Transformation [J]. Journal of Solar Energy Engineering. 2017, 139 (6).

[53] Angel Cardiel – Alvarez Miguel, Luis Rodriguez – Amenedo Jose, Arnaltes Santiago. Modeling and Control of LCC Rectifiers for Off shore Wind Farms Connected by HVDC Links [J]. IEEE Transactions on Energy Conversion, 2017, 32 (4): 1284 – 1296.

[54] Mbungu T, Naidoo R, Bansal R, et al. Optimisation of Grid Connected Hybrid PV – wind – battery System using Model Predictive Control Design [J]. IET Renewable Power Generation, 2017, 11 (14): 1760 – 1768.

[55] 宋少云. 多场耦合问题的协同求解方法研究与应用 [D]. 武汉: 华中科技大学,

[56] Li Wenrong, Sheng Jie, Qiu Derong, et al. Numerical Study on Transient State of Inductive Fault Current Limiter Based on Field – Circuit Coupling Method [J]. Materials (Basel, Switzerland), 2019, 12 (17).

[57] Nategh S, Zhang H, Wallmark O, et al. Transient Thermal Modeling and Analysis of Railway Traction Motors [J]. IEEE Transactions on Industrial Electronics, 2018, 1 – 10.

[58] Wan Yuan, Wu Shaopeng, Cui Shumei. Choice of Pole Spacer Materials for a High – Speed PMSM Based on the Temperature Rise and Thermal Stress [J]. IEEE Transactions on Applied Super Conductivity, 2016, 26 (7): 1 – 5.

[59] Smith C. J, Crabtree C. J, Matthews P. C. Impact of wind conditions on thermal loading of PMSG wind turbine power converters [J]. IET Power Electronics, 2017, 10 (11), 1268 – 1278.

[60] Nematollahi O, Hajabdollahi Z, Hoghooghi H, et al. An evaluation of wind turbine waste heat recovery using organic Rankine cycle [J]. Journal of Cleaner Production, 2019, 214: 705 – 716.

［61］ Karakasis N. E，Mademlis C. A. High efficiency control strategy in a wind energy con-version system with doubly fed induction generator ［J］. Renewable Energy，2018，125，974 – 984.

［62］ Li Liyi，Zhang Jiangpeng，et al. Research on the High Overload Permanent Magnet Synchronous Motor Considering Extreme Thermal Load ［J］. Proceedings of the CSEE，2016，36（3）：845 – 851.

［63］ Hoang T. K，Queval L，et al. Design of a 20 – MW Fully Superconducting Wind Tur-bine Generator to Minimize the Levelized Cost of Energy ［J］. IEEE Transactions on Applied Superconductivity，2018，28（4），1 – 5.

［64］ Wang Y，Hu R，Zheng X. Aerodynamic analysis of an airfoil with leading edge pitting erosion ［J］. Journal of Solar Energy Engineering，2017，139（6）：06100211 – 06100211.

［65］ Aladsani A. S，Beik O. Design of a Multiphase Hybrid Permanent Magnet Generator for Series Hybrid EV ［J］. IEEE Transactions on Energy Conversion，2018，1 – 9.

［66］ Lin Y. T，Chiu P. H，Huang C. C. An experimental and numerical investigation on the power performance of 150kW horizontal axis wind turbine ［J］. Renewable Energy，2017，113：85 – 93.

［67］ Lam H. F，Peng H. Y. Development of a wake model for a Darrieus – type straight – bladed vertical axis wind turbine and its application to micro – siting problems ［J］. Renewable Energy，2017，114：830 – 842.

［68］ Nategh S，Zhang H，Wallmark O，et al. Transient Thermal Modeling and Analysis of Railway Traction Motors ［J］. IEEE Transactions on Industrial Electronics，2018，1 – 10.

［69］ Wan Yuan，Cui Shumei，Wu Shaopeng，et al. Design and Strength Optimization of the Carbon Fiber Sleeve of High-Power High-Speed PMSM with Flat Structure ［J］. Transactions of China Electrotechnical Society，2018.

［70］ Rasekh Alireza，Sergeant Peter，Vierendeels Jan. Fully predictive heat transfer coeffi-cient modeling of an axial flux permanent magnet synchronous machine with geometrical parameters of the magnets ［J］. Applied Thermal Engineering. 2017，110：1343 – 1357.

［71］ Ahmed Boufertella，Houcine Chafouk，Mohamed Boudour，Arezki Chibah. Edge De-tection in Wind Turbine Power System based DFIG Using Fault Detection and Isolation FDI ［J］. IFAC PapersOnLine，2018，51（24）.

［72］ 唐任远，陈萍，佟文明，等. 考虑涡流反作用的永磁体涡流损耗解析计算 ［J］. 电工技术学报，2015，30（24）：1 – 10.

［73］ Zhang Yue，McLoone Sean，Cao Wenping，et al. Power Loss and Thermal Analysis of a MW High – Speed Permanent Magnet Synchronous Machine ［J］. IEEE Transac-tions on Energy Conversion. 2017，32（4）：1468 – 1478.

［74］ Behjat V，Dehghanzadeh A R. Experimental and 3D finite element analysis of a slotless air – cored axial flux PMSG for wind turbine application ［J］. Journal of Operation and Automation in Power Engineering，2014，2（2）：121 – 128.

［75］ 温彩凤，汪建文，孙素丽. 基于棱边元法的永磁风力发电机沟槽电磁及热分析 ［J］.

太阳能学报，2014，35（9）：1749-1756.

[76] Deaconu A S，Chirila A I，Deaconu I D. Air-gap heat transfer of a permanent magnet synchronous motor [J]. Revue Roumaine des Sciences Techniques-serie Electrotechnique et Energetique. 2015，60（3）：263-272.

[77] Huber T，Peters W，Böcker J. Monitoring critical temperatures in permanent magnet synchronous motors using low-order thermal models [C]//2014 International Power Electronics Conference（IPEC-Hiroshima 2014-ECCE ASIA）. IEEE，2014：1508-1515.

[78] 温彩凤，汪建文，孙凯. 多场耦合作用下离网型风电机组关键特性研究 [J]. 太阳能学报，2015，36（10）：2448-2454.

[79] Woo-SungLee，Jae-CheolLee，Hyun-TaekOh，et al. Performance，economic and exergy analyses of carbon capture processes for a 300 MW class integrated gasification combined cycle power plant [J]. Energy，2017，134：731-742.

[80] 董敏，董英. 风电不确定性对电力系统的影响研究 [J]. 价值工程，2018，37（33）：182-183.

[81] Rasekh Alireza，Sergeant Peter，Vierendeels Jan. Fully predictive heat transfer coefficient modeling of an axial flux permanent magnet synchronous machine with geometrical parameters of the magnets [J]. Applied Thermal Engineering，2017，110：1343-1357.

[82] Golebiowski. L，Golebiowski. M，et al. Thermal Coupling Analysis of the Permanent Magnet ynchronous Gennerator [J]. Lecture Notesin Electrical Engineering. 2015，324（5）：135-147.

[83] Maloberti Olivier，Gimeno Anthony，Ospina Alejandro. Thermal Modeling of a Claw-Pole Electrical Generator：Steady-State Computation and Identification of Free and Forced Convection Coefficients [J]. IEEE transactions on Industry Applications. 2014，50（1）：279-287.

[84] 张谦，李凤婷，蒋永梅，等. 提高直驱永磁风机低电压穿越能力的控制策略 [J]. 电力系统保护与控制. 2017，10（6）：121-127.

[85] 黄东洙，李伟力，王耀玉，等. 磁性槽楔对永磁电机转子损耗及温度场影响 [J]. 电机与控制学报. 2016，20（1）：60-66.

[86] 王亮. 基于模糊参考自适应永磁风电机组变流器控制策略研究 [D]. 沈阳：沈阳工业大学，2018.

[87] Nirmal-Kumar C. Nairb，Lei Jing. Power quality analysis for building integrated PV and micro wind turbine in New Zealand [J]. Energy and Buildings，2013（58）：302-309.

[88] Rishabh Dev Shukla，Ramesh Kumar Tripathi. A novel voltage and frequency controller for standalone DFIG based Wind Energy Conversion System [J]. Renewable and Sustainable Energy Reviews，2014，37：69-89.

[89] A. Lazkano，K. Redondo，P. Saiz，et al. Case Study：Flicker Emission and 3P Power Oscillations on Fixed-Speed Wind Turbines [C]//15th International Conference on Harmonics and Quality of Power. IEEE，2012：268-273.

［90］ Meng Long，He Yanping，et al. Numerical simulation of tower shadow effect of up-wind horizontal axis wind turbine ［J］. Scientia Sinica Physica，Mechanica & Astronomica，2016（12）：124705.1－124705.7.

［91］ Rasekh Alireza，Sergeant Peter，Vierendeels Jan. Fully predictive heat transfer coefficient modeling of an axial flux permanent magnet synchronousmachine with geometrical parameters of the magnets ［J］. Applied Thermal Engineering，2017，110：1343－1357.

［92］ Behjat Vahid，Boushehry Mohammad Javad Amroony. 3D FEM analysis，dynamic modeling，and performance assessment of transverse flux PMSG for small－scale gearless wind energy conversion systems ［J］. International Journal of Numerical Modelling－electronic Networks Devices and Fields，2016，29（4）：592－608.

［93］ Wallscheid. O，Bocker. J. Global Identification of a Low－Order Lumped－Parameter Thermal Network for Permanent Magnet Synchronous Motors ［J］. IEEE Transactions on Energy Conversion，2016，31（1）：354－365.

［94］ 邱倩. 电气化铁路牵引负荷电能质量评估方法 ［D］. 北京：华北电力大学，2014.

［95］ Sahar S. Kaddah，Khaled M. Abo－Al－Ez，Tamer F. Megahed，et al. Probabilistic power quality indices for electric grids with increased penetration level of wind power generation ［J］. International Journal of Electrical Power and Energy Systems，2016，77：50－58.

［96］ Yong－June Shin，Edward J. Powers，Mack Grady，et al. Power quality indices for transient disturbances ［J］. IEEE Transactions on Power Delivery，2006，21（1）：253－261.

［97］ G. Carpinelli，P. Caramia，P. Varilone，et al. A global index for discrete voltage disturbances ［A］. Proceedings of the 2007 9th International Conference on Electrical Power Quality and Utilisation ［C］. Inst. of Elec. and Elec. Eng. Computer Society.

［98］ H. Siahkali. Power quality indexes for continue and discrete disturbances in a distribution area ［A］. Proceedings of the 2008 IEEE 2nd International Power and Energy Conference ［C］. Inst. of Elec. and Elec. Eng. Computer Society：678－683.

［99］ 史帅彬. 现代电力系统电能质量评估体系的探究 ［J］. 电子测试，2018（12）.

［100］ 时成侠. 电能质量综合评估研究 ［D］. 长春：吉林大学，2016.

［101］ 孙瑞香. 电能质量综合评估方法及其在海上风电场中的应用 ［D］. 杭州：浙江大学，2014.

［102］ 屈梦然，庞成宇，王泉，等. 于博弈论与理想灰关联投影法的电能质量综合评估 ［J］. 智慧电力，2018（6）.

［103］ 梁梅. 电能质量的指标、综合评估与监测管理系统 ［D］. 广州：华南理工大学，2010.

［104］ 苏卫卫，马素霞，齐林海. 基于 ARIMA 和神经网络的电能质量稳态指标预测 ［J］. 计算机技术与发展，2014（3）：163－167.

［105］ 刘新苗. 动态电压恢复器（DVR）直流储能系统的研究 ［D］. 武汉：华中科技大学，2009.

［106］ 李建林，袁晓冬，郁正纲，等. 利用储能系统提升电网电能质量研究综述 ［J］. 电

力系统自动化，43（8）：26 - 36.

[107] 王育飞，符杨，张宇，等．风力发电储能系统特性分析与实验研究［J］．太阳能学报，2013（11）：1510 - 1515.

[108] 李圣清，栗伟周，徐文祥，等．微电网储能单元与有源电力滤波器的组合研究［J］．电力系统保护与控制，2014（18）：56 - 60.

[109] 林海雪．电能质量指标的完善化及其展望［J］．中国电机工程学报，2014（29）：5073 - 5079.

[110] 张利中，赵书奇，廖强强，等．国内外电池储能技术的应用及发展现状［J］．上海节能．2015（10）.

[111] 谢龙汉，赵新宇，张炯明．ANSYS CFX 流体分析及仿真［M］．北京：电子工业出版社，2012.

[112] 姚望．永磁同步牵引电机热计算和冷却系统计算［D］．沈阳：沈阳工业大学，2013.

[113] 何媛媛．三维非稳态热传导方程的虚边界元解法［D］．重庆：重庆大学，2009.

[114] 吴大伟，张成林．对流传热系数的研究［J］．现代食品科技，2006，22（4）：88 - 92.

[115] 温志伟。基于数值分析的大型同步电机内温度场的研究［D］．北京：中国科学院研究生院（电工研究所），2006.

[116] 蓝希清，胡立坤，卢子广．带储能系统的新型统一电能质量调节器的设计［J］．电力电子技术，2015（7）.

[117] 张步涵，曾杰，毛承雄，等．电池储能系统在改善并网风电场电能质量和稳定性中的应用［J］．电网技术，2006（15）.

[118] 曹彬，蒋晓华．超导储能在改善电能质量方面的应用［J］．科技导报，2008（1）：47 - 52.

[119] George E. Totten（2002）. Handbook of Residual Stress and Deformation of Steel. ASM International. pp. 322 - . ISBN 978 - 1 - 61503 - 227 - 3. Retrieved 7 May 2013.

[120] 杨小林，杨开明，赵琴．流体力学课程教学改革探析［J］．高等教育研究（成都），2006（2）：47 - 48.

[121] Zang Y, Street R L, Koseff J R. A dynamic mixed subgrid - scale model and its application to turbulent recirculating flows［J］. Physics of Fluids A，1993，5（12）：3186 - 3196.

[122] Langtry R B, Menter F R. Correlation - Based Transition Modeling for Unstructured Parallelized Computational Fluid Dynamics Codes［J］. Aiaa Journal，2009，47（12）：2894 - 2906.

[123] 王福军．流体机械旋转湍流计算模型研究进展［J］．农业机械学报，2016，47（2）.

[124] 楼建勇，林江．二次气流速度对水平输送管速度场的湍流扰动影响研究［J］．工程热物理学报，2005，26（z1）.

[125] 席光，王尚锦．变工况下离心三元叶轮内部二次流的数值分析［J］．计算物理，1992，9（A01）：526 - 526.

[126] R. F. 哈林登．正弦电磁场［M］．上海：上海科技出版社，1964.

[127] 汤蕴璆，梁艳萍．电机电磁场的分析与计算［M］．北京：机械工业出版社，2010.

[128] 胡显承，姚若萍，肖达川，等. 发电机端部磁场的有限元分析（Ⅰ）[J]. 清华大学学报（自然科学版），1982，22（3）：89 - 102.

[129] 张淮清，俞集辉. 电磁场边值问题求解的径向基函数方法 [J]. 高电压技术，2010，36（2）.

[130] 李泉凤. 电磁场数值计算与电磁铁设计 [M]. 北京：清华大学出版社，2002.

[131] Fengxiang Wang, Dianhai Zhang, Junqiang Xing, et al. Study on air friction loss of high speed pm machine [C]. IEEE International Conference on Industrial Technology. Gippsland，VIC，2009：1 - 4.

[132] 雷良钦. 电磁场有限元法的电工推导 [J]. 南昌大学学报（工科版），1981，3（01）：1.

[133] 尹惠. 永磁同步电机损耗计算及温度场分析 [D]. 哈尔滨：哈尔滨工业大学，2015.

[134] 刘景林，李钟明. 小型稀土永磁同步发电机分析及应用 [J]. 中小型电机，2001，28（5）：14 - 16.

[135] 张靖周. 高等传热学 [M]. 北京：科学出版社，2009.

[136] 章梓雄，董曾南. 粘性流体力学 [M]. 北京：清华大学出版社，1998.

[137] 唐任远. 现代永磁电机理论与设计 [M]. 北京：机械工业出版社，2016.

[138] 闫阿儒，张弛. 新型稀土永磁材料与永磁电机 [M]. 北京：科学出版社，2014.

[139] 朱东起，李发海. 电机学 [M]. 北京：科学出版社，2001.

[140] 唐任远. 中国电气工程大典：第9卷 [M]. 北京：中国电力出版社，2008.

[141] 陈世坤. 电机设计 [M]. 2版. 北京：机械工业出版社，2000.

[142] 张河山，邓兆祥，杨金歌，等. 表贴式永磁电机磁场的解析计算与分析 [J]. 汽车工程，2018，40（7）：850.

[143] 陈涛. 麦克斯韦方程组的涡流近似理论算法及应用 [M]. 国外科技新书评介，2011（11）：1 - 1.

[144] 吴建晓. 高速永磁电机转子涡流损耗研究 [D]. 哈尔滨：哈尔滨理工大学，2019.

[145] 苏绍禹. 永磁发电机机理，设计及应用 [M]. 北京：机械工业出版社，2012.

[146] Bejan A. Advanced Engineering Thermodynamics [M]. New York：John Wiley and sons，2006.

[147] Lebon G，Jou D，Vazquez J. Understanding non - equilibrium thermodynamics - Foundations，applications，frontiers [M]. Soinger，2008.

[148] Bejan A. Entropy generation minimization - The methods of thermodynamic optimization of finite - size systems and finite - time processes [M]. CRC Press，1995.

[149] Borel L，Favrat D. Thermodynamics and energy system analysis - from energy to exergy [M]. CRC Press，2010.

[150] Demirel Y. Non - equilibrium thermodynamics，Transport and rate processes in physical，chemical and biological systems [M]. Elsevier，2014.

[151] 王季陶. 现代热力学-第二定律的一种新表述 [M]. 北京：科学出版社，2015：52 - 58，31.

[152] 陈林根. 不可逆过程和循环的有限时间热力学分析 [M]. 北京：高等教育出版社，2005：46 - 53.

[153] 曾攀. 有限元分析及应用 [M]. 北京：清华大学出版社，2004.

[154] 赵经文，王宏钰. 结构有限元分析 [M]. 北京：科学出版社，2001.

[155] 李人宪. 有限体积法基础 [M]. 北京：国防工业出版社，2008：12-14.

[156] 陈锡栋，杨婕，赵晓栋，等. 有限元法的发展现状及应用 [J]. 中国制造业信息化，2010，39 (11)：6-8+12.

[157] 胡敏强，黄学良. 电机运行性能数值计算方法及其应用 [M]. 南京：东南大学出版社，2003：170-177.

[158] 张志英，赵萍，李银凤，等. 风能与风力发电技术 [M]. 北京：化学工业出版社，2010.

[159] 温彩凤，张建勋，彭海伦，等. 基于多场耦合的风电机组熵产极小化分析 [J]. 电工技术学报，2018，34 (6)：4563-4572.

[160] 沈维道，郑佩芝，蒋淡安. 工程热力学 [M]. 北京：人民教育出版社，1965.

[161] 邵云. 论卡诺定理的热力学价值及其与热力学第二定律的关系 [J]. 首都师范大学学报（自然科学版），2017，38 (5)：23-26.

[162] 夏之慧. 6MW 永磁同步发电机流体流动及传热特性分析 [D]. 哈尔滨：哈尔滨理工大学，2018.

[163] 杨秉雄. 对热力学熵增原理的认识 [J]. 固原师专学报，1998 (6)：30-32.

[164] O. A. Morozov, V. R. Fidelman, Yu. E. Chumankin. Spatial Filtering of Signal Sources on the Basis of the Principle of Maximum Entropy in the Problem of Passive Direction Finding with Multibeam Antennas [J]. Radiophysics and Quantum Electronics, 2019, 62 (2).

[165] Zhao T, Hua Y C, Guo Z Y. The principle of least action for reversible thermodynamic processes and cycles [I]. Entropy, 2018, 20 (7)：542.

[166] 郝从容. 旅游目的地生态系统的熵增现象和耗散结构分析 [J]. 太原师范学院学报（社会科学版），2010 (1)：71-73.

[167] 朱明善，等. 工程热力学 [M]. 北京：清华大学出版社，2011.

[168] 李冲，郑源，张艳丽，等. 储能技术在中小型风力发电系统中的应用 [J]. 节能，2012，31 (1)：44-47.

[169] 江全元，龚裕仲. 储能技术辅助风电并网控制的应用综述 [J]. 电网技术，2015，39 (12)：3360-3368.

[170] Jankowska E, Kopciuch K, Blazejczak M, et al. Hybrid Energy Storage Based on Ultracapacitor and Lead Acid Battery: Case Study [C] // Conference on Automation. Springer, Cham, 2018：339-349.

[171] Mesbahi T, Ouari A, Ghennam T, et al. A stand-alone wind power supply with a Li-ion battery energy storage system [J]. Renewable & Sustainable Energy Reviews, 2014, 40：204-213.

[172] 刘东源. 参与电网调频的储能系统运行控制策略研究 [D]. 长春：东北电力大学，2018.

[173] Yu Xingwen, Manthiram Arumugam. Sodium-Sulfur Batteries with a Polymer-Coated NASICON-type Sodium-Ion Solid Electrolyte [J]. Matter, 2019, 1 (2).

[174] Mitra A, Chatterjee D. Stability enhancement of wind farm connected power system using superconducting magnetic energy storage unit [C] // Power Systems

Conference. IEEE，2015：1 - 6.

[175] Gayathri N S，Senroy N，Kar I N. Smoothing of wind power using flywheel energy storage system [J]. Iet Renewable Power Generation，2017，11（3）：289 - 298.

[176] Jankowska E，Kopciuch K，Blazejczak M，et al. Hybrid Energy Storage Based on Ultracapacitor and Lead Acid Battery：Case Study ［C］// Conference on Automation. Springer，Cham，2018：339 - 349.

[177] 王鹏，王晗，张建文，等. 超级电容储能系统在风电系统低电压穿越中的设计及应用 [J]. 中国电机工程学报，2014，34（10）：1528 - 1537.

[178] 任永峰，胡宏彬，薛宇，等. 全钒液流电池-超级电容混合储能平抑直驱式风电功率波动研究 [J]. 高电压技术，2015，41（7）：2127 - 2134.

[179] 杨清波. 兼具电能质量控制的铅酸蓄电池储能系统研究 [D]. 广州：华南理工大学，2018.

[180] 万树文. 合成气为核心的多联供多联产系统多目标评价研究 [D]. 青岛：青岛科技大学，2012.

[181] Seijo S，del Campo I，Echanobe J，et al. Modeling and multi - objective optimization of a complex CHP process [J]. Applied energy，2016，161：309 - 319.

[182] Bushra Naseem，Hoori Ajami，Ian Cordery，et al. A multi - objective assessment of alternate conceptual ecohydrological models [J]. Journal of Hydrology，2015，529：1221 - 1234.

[183] Diego Silva，Toshihiko Nakata. Multi - objective assessment of rural electrification in remote areas with poverty considerations ［J］. Energy Policy，2009，37（8）：3096 - 3108.

[184] 张华军，赵金，罗慧，等. 基于个人偏好的多目标优化问题目标权重计算方法 [J]. 控制与决策，2014（8）：1471 - 1476.

[185] Abdelrahman S，Liao H，Guo T，et al. Global assessment of power quality performance of networks using the analytic hierarchy process model [C]// 2015 IEEE Eindhoven PowerTech. IEEE，2015.

[186] 刘杨，陈亚哲，李祥松，等. 基于层次分析法和熵值法的产品广义质量综合评价方法 [J]. 中国工程机械学报，2009（4）：494 - 498.

[187] James Bekker，Chris Aldrich. The cross - entropy method in multi - objective optimisation：An assessment [J]. European Journal of Operational Research，2011，211（1）：112 - 121.

[188] 温彩凤，汪建文，张所成，等. 永磁风力发电机动态温度场的测试与分析 [J]. 可再生能源，2011，29（6）：53 - 57.

[189] 朱翀，王同光，钟伟. 串列风力机尾流干扰的研究 [J]. 力学与实践，2013，35（5）：17 - 22.

[190] 陈焕龙，李林熹，刘华坪，等. 某大折转角压气机静叶分叉改型设计及其尾迹流场 [J]. 航空动力学报，2018，33（6）：1381 - 1392.

[191] 温彩凤，汪建文，代元军，等. 高功率密度永磁风力发电机非稳态温度场分析 [J]. 太阳能学报，2012，33（10）：1690 - 1696.

[192] 王泽忠，潘超，周盛，等. 基于棱边有限元的变压器场路耦合瞬态模型 [J]. 电工

技术学报，2012，27（9）：146-152.

[193] 温彩凤，汪建文，孙素丽. 基于热电磁耦合的永磁风力发电机涡流损耗分析 [J]. 太阳能学报，2015，36（9）：2278-2284.

[194] 杨振涛. 基于三维 PIV 的风力机叶尖涡流场动力学特性研究 [D]. 内蒙古：内蒙古工业大学，2013.

[195] 刘海锋，朱彬荣，张宏杰，等. 钢管格构式和圆筒式塔架对风力机尾流扰动特性对比研究 [J]. 太阳能学报，2019，40（7）：2036-2044.

[196] Ge Y，Chen L，Qin X. Effect of specific heat variations on irreversible Otto cycle performance [J]. International Journal of Heat and Mass Transfer，2018，122：403-409.

[197] Xia S. J，Chen L. G，Xie Z. H，et al. Entransy dissipation minimization for generalized heat exchange processes [J]. Science China Technological Sciences，2016，59（10）：1507-1516.

[198] Azzarelli G. Advanced exergy analysis - A new approach applied to the gas turbine based cogeneration system [M]. VDM Verlag Dr，Muller，2009.